Uwe H. Sültz

HIGH FIDELITY VINTAGE TEIL 1:
PHILIPS CASSETTEN RECORDER EL 3300 & CO. – 1963 BIS 1976

BoD - Books on Demand

Norderstedt 2019

Bibliografische Information durch die Deutsche Nationalbibliothek

Die Deutsche Nationalbibliothek verzeichnet diese Publikation in der Deutschen Nationalbibliografie; detaillierte bibliografische Daten sind im Internet über http://dnb.dnb.de abrufbar.

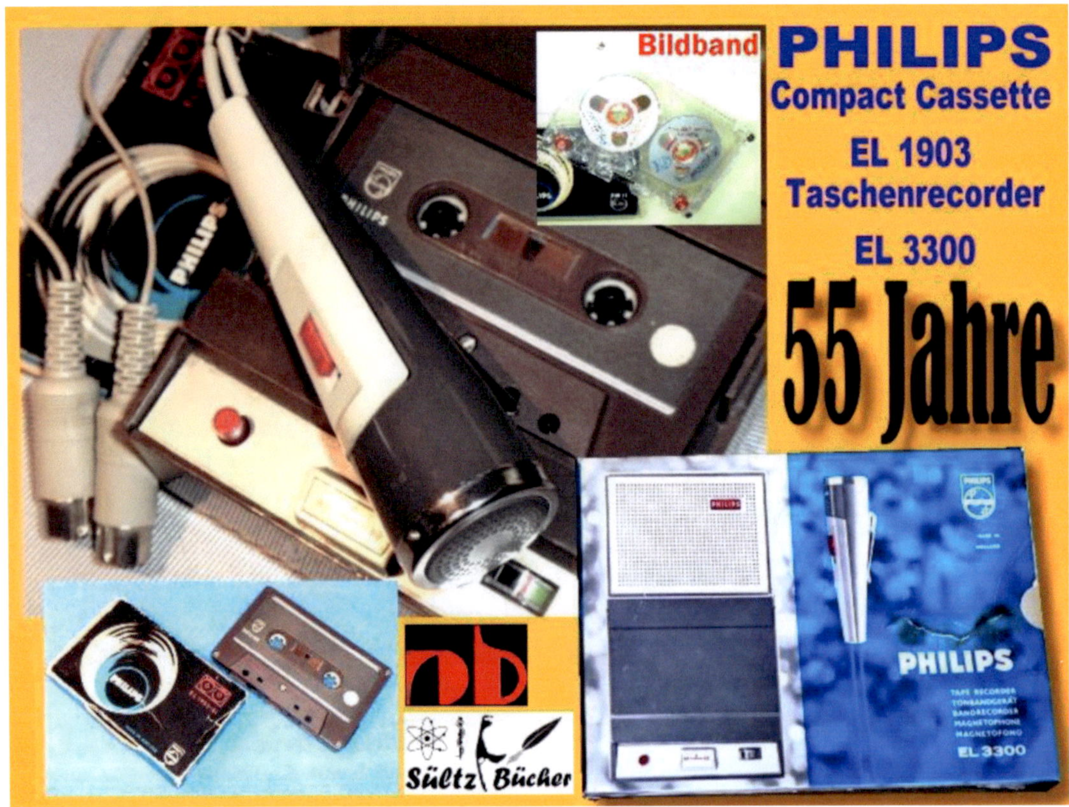

Herstellung und Verlag:

BoD – Books on Demand, Norderstedt

ISBN 9-78374-8-14233-1

Lou Ottens
PHILIPS
PHILIPS

Mit der Serie High Fidelity Vintage wird an vergangene Technik erinnert. Ohne diese Entwicklungen des vergangenen Jahrhunderts würde es heutzutage nicht viel der heutigen Technik geben. Nun, was hat der PHILIPS Recorder EL 3300 mit HiFi zu tun? Sein Frequenzgang reichte bis 5000 Hz. HiFi bedeutete, dass 12500 Hz erreicht werden müssen. Der PHILIPS Recorder konnte nur in MONO aufnehmen und wiedergeben. ABER, es war der Start in die Welt von NAKAMICHI DRAGON und Co.

Dragon

Ein weiterer Meilenstein in der Nakamichi-Cassettentechnologie:
die automatische Azimutheinstellung während der Wiedergabe. Doppel-Capstan-Antrieb mit zwei Direct-Drive-Motoren sichert excellente
Gleichlaufwerte auch im AutoReverse-Betrieb.

Dragon AutoReverse Cassettendeck.
Die exakte Azimutheinstellung ist von eminenter Bedeutung für die Wiedergabequalität. In vielen Nakamichi-Decks wurde eine aufnahmeseitige Azimutheinstellung verwirklicht. Ideal ist jedoch die wiedergabeseitige Korrektur des Azimuths. Denn nur so können Azimuthfehler bei Fremdaufnahmen oder durch Gehausetoleranzen erfolgreich beseitigt werden. Und nur die kontinuierliche Korrektur erfaßt auch die Azimuthfehler durch das Bandmaterial. Das Nakamichi-NAAC-(Nakamichi Auto Azimuth Correction)System korrigiert kontinuierlich bei der Wiedergabe den Azimuthfehler. In Verbindung mit den vielfältigen Einmeßmöglichkeiten und dem excellenten Dual-Capstan-Antrieb mit zwei Direct-Drive-Motoren wird so – auch im AutoReverse-Betrieb – eine dem höchsten Standard entsprechende Qualität erreicht.

Dies ist auch der Grund, warum der Dragon von vielen international anerkannten HiFi-Zeitschriften zum Referenzdeck gewählt wurde und diese Spitzenposition bis zum heutigen Tag beibehalten hat.

Testbericht: Stereoplay 1/85: Referenzgerät
HiFi Vision 9/85: Referenzklasse
Audio 6/86: Referenzklasse

Es war wohl wie in einem Krimi. Die Amerikaner wussten von nichts, ebenso die Japaner. Nicht einmal die beiden Werke von PHILIPS in Wien und im belgischen Hasselt wussten anfangs etwas von einem konkurrierenden Projekt. Die Wiener arbeiteten an einem HiFi-tauglichen Einloch-System. Mit der Einloch-Kassette hatten sie im Bereich von Diktiersystemen Erfahrung. Jetzt sollte ein hochwertiges

System für den privaten Gebrauch entwickelt werden. Mit im Boot saßen GRUNDIG, die PPI (PHILIPS Phonographische Industrie) und die DGG (Deutsche Grammophon Gesellschaft). Das Band war 3,81 mm breit, genauso wie bei dem Zweiloch-System.

Die welterste Compact Cassette und die Einloch-Kassette von
PHILIPS *entwickelt 1962!*

Dieses Zweiloch-System wurde im belgischen Hasselt vom Teamleiter Lou Ottens entwickelt. Maßgeblich beteiligt im Team waren J.J.M. Schoenmakers und Peter van der Sluis (die Urkassette PHILIPS EL 1903, den Mechanismus, sowie den Recorder). Das alles spielte sich Anfang der 1960'er Jahre ab. Denn zur Funkausstellung 1963 sollte ein System vorgestellt werden. Die Zweiloch-Kassette, also die Kompakt-Kassette, später Compact-Cassette (internationaler mit C geschrieben), hatte beide Spulenwickler in einem kompakten Gehäuse. Die Einloch-Kassette benötigte eine zweite Wickelrolle. Diese war im Gerät integriert, was den Recorder größer machte. Eine Entnahme ohne Rückspulung war nicht möglich. Eine zweite Seite gab es auch nicht. Die Kompakt-Kassette war einfach kompakter. Sie besaß zwei Spiel-Seiten, und eine Entnahme war jederzeit möglich. Somit entschied sich die PHILIPS-Geschäftsführung für die Kompakt Kassette. Um zukünftig internationaler zu sein, nannte man sie später Compact Cassette.

Der erste Recorder wurde am 30.8.1963 auf der Funkausstellung vorgestellt. Der erste Verkauf war in der 42. Woche 1963. Ab November 1964 wurde der Recorder in Amerika von NORELCO vertrieben, CARRY CORDER 150.

• WORLD'S FIRST! • 

PHILIPS EL3300 CASSETTE REC/PLAYER

& TAPE CARTRIDGES (*cassette tapes*)

launched at the Berlin Radio Show 30th August 1963

and in the UK a year later in 1964

Here's something really NEW in tape recording:

CARTRIDGE LOADING

—exclusive feature of the brilliant new

PHILIPS BATTERY POCKET TAPE RECORDER

EL3300

Just check these revolutionary features:

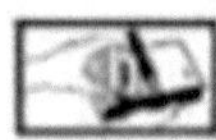

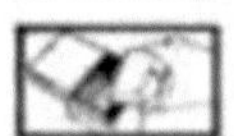

The first really new tape recorder for years

25 gns COMPLETE

1965 stellte PHILIPS die Technologie anderen Herstellern zur Verfügung. Im gleichen Jahr kam auch die erste fertig bespielte MusiCassette in die Läden, obwohl es bereits ein Jahr zuvor "Kostproben" von PHILIPS/ MERCURY gab. 1966 gab es dann erste MusiCassette in STEREO. 1968 wurde DOLBY eingeführt und 1971 CHROMDIOXID.

DuPont stellte die erste Chromdioxid-Compact-Cassette 1971 vor. Mit dem NAKAMICHI-Chassis, der Chrom-Cassette und DOLBY entwickelte Henry

Advent Model 201 Tape Deck

Kloss den ersten Recorder ADVENT 200. NAKAMICHI lieferte Laufwerke und komplette Chassis für andere Musikgeräte-Hersteller bereits Ende der 1960'er Jahre (Advent, Sonab, Thorn, Goodmans, Sansui, The Fisher, Concord, Leak, Yamaha, Ferguson, Harman Kardon, Sylvania, BASF, Kellar, Bell & Howell, Rank Wharfedale, SABA, Electro Home, KLH, sowie ELAC und weitere…). Offiziell durchbrach der Cassetten Recorder ADVENT 200 mit DOLBY 1971 die HiFi

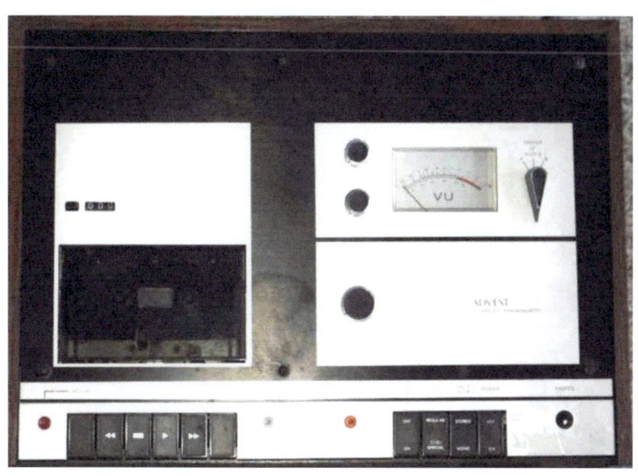

Schallmauer mit dem NAKAMICHI-Chassis. Aber das schafften bereits vor 1970 Geräte von u.a. Harman Kardon und The Fisher ohne DOLBY, ebenfalls mit dem NAKAMICHI-Chassis.

Von nun an ging es mit der Qualität stetig bergauf. Von den anfänglichen 5000 Hz bis zu 21000 Hz. NAKAMICHI dient hier nur als Beispiel, es gibt zahlreiche Recorder mit bester Qualität. Ab dem Jahr 1973 übernahm SÜLTZ ELEKTRONIK die Tonkopfeinstellungen und den Service für ELAC/NAKAMICHI Recorder.

ELAC - THE FISHER - NAKAMICHI
Sültz Service & Reparatur
Meisterbetrieb seit 1973

In unserem Fundus befinden sich unzählige Prospekte, die hier in der Reihe High Fidelity Vintage abgelichtet werden.

In Teil 2 geht es um den Kopfhörer SENNHEISER HD 414.

Auf den nächsten Seiten folgt nun Werbung aus den Jahren 1963 bis 1976:

POCKET-RECORDER

voor binnen en buiten - ƒ 248,—.

Compleet met dynamische microfoon met afstandsbediening, cassette met 90 m band, verbin-
dingssnoer en zeer fraaie draagtas met schouderriem. Lange
speeltijd per cassette (2 x 30
minuten). Bandsnelheid 4,75
cm/sec. Meter voor controle
van opname-sterkte en batterij-
spanning. Gering batterijver-
bruik. Volumeregelaars voor opname en weergave. Gering gewicht. Afm.: 19,6 x 11,3 x
5,6 cm.

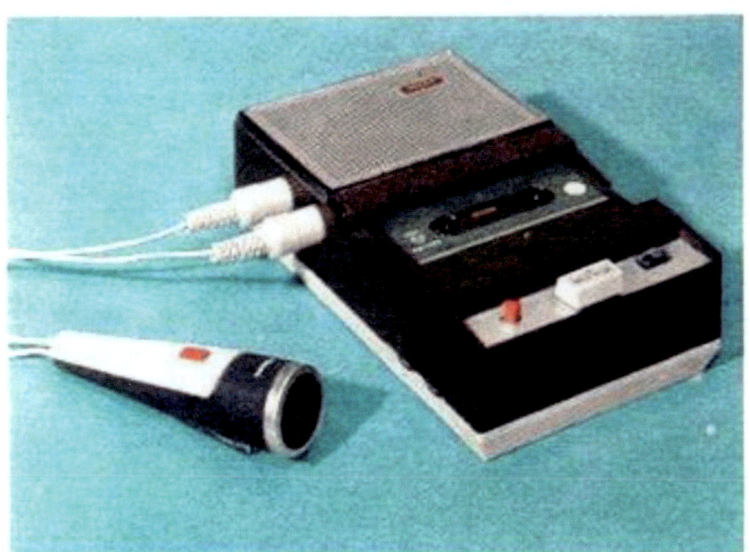

Uniek cassette-systeem

Deze Philips primeur in pocket-uitvoering is voorzien van een geheel
nieuw, gesloten cassette-systeem. Het verwisselen gebeurt snel en een-
voudig inschuiven — klaar voor gebruik. De geluidsband is beschermd
opgeborgen. Door de zeer gemakkelijke bediening - één toets voor
opname/weergave en heen- en terugspoelen, met een opname-
vergrendeltoets voor abusievelijk wissen van een bestaande opname - is
deze pocket-recorder met batterijvoeding letterlijk o-v-e-r-a-l te gebrui-
ken. Bovendien is de zeer gevoelige microfoon voorzien van afstandsbediening. Daarom is deze unieke pocket-recorder onbegrensd in de
mogelijkheden voor opname en weergave. (Prijs van de cassette ƒ 8,95.)

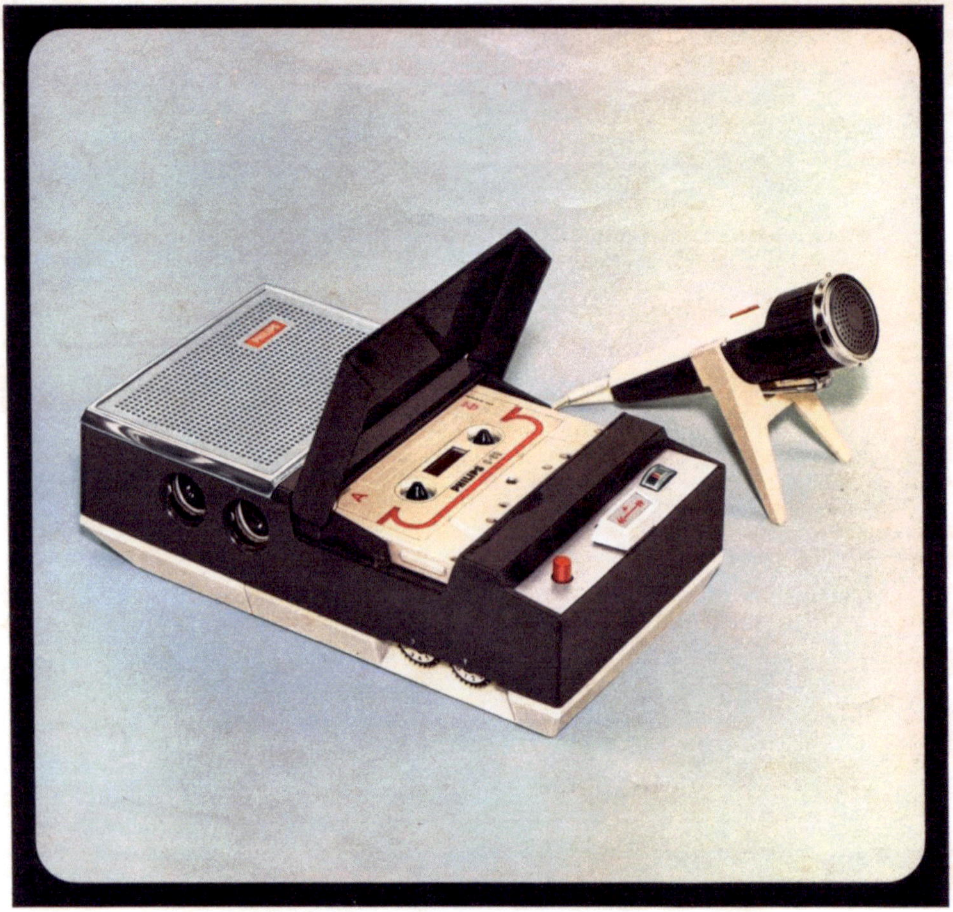

Philips Cassetten-Recorder 3301

Die Tonbandzukunft hat schon begonnen. Die sensationelle Compact-Cassette ist der Beginn einer neuen Epoche in der Tonbandtechnik. Philips bietet allen Tonbandfreunden für eigene Aufnahmen die Compact-Cassette C-60 (Spielzeit 2 x 30 Minuten) und die Compact-Cassette C-90 (Spielzeit 2 x 45 Minuten) sowie fertig vorbespielte Musik-Cassetten des gleichen Systems. (Lesen Sie mehr darüber auf der Seite 16.)

Für diesen Tonträger von morgen wurde der sensationelle Philips Cassetten-Recorder 3301 entwickelt, der die

Vorteile der Compact-Cassette konsequent ausnutzt. Er ist klein – kaum größer als eine Zigarrenkiste. Leicht, netzunabhängig und völlig einfach zu bedienen. Mit einem Griff ist die Compact-Cassette eingelegt – das Gerät eingeschaltet. Er spielt im Garten – beim Camping – am Strand – überall. Im Hause – z. B. bei Aufnahmen für die Familienchronik – läßt er sich aber auch mit einem Netzvorschaltgerät aus der Steckdose betreiben – das schont die Batterien. Eine weitere Bedienungs-Erleichterung bietet eine zum Gerät gehörende Fernbedienung.

Compact Cassette

Problemlos in der Bedienung, modern in der Bauweise, bietet der Philips Cassetten-Recorder Aufnahme- und Wiedergabemöglichkeiten eines großen Tonbandgerätes. Aufgenommen werden kann mit dem Mikrofon oder vom Plattenspieler, Radio oder einem anderen Tonbandgerät.

Die Wiedergabe erfolgt wahlweise über den eingebauten Lautsprecher, über ein Rundfunkgerät, eine Verstärkeranlage oder über Kopfhörer.

Auch im Auto läßt sich der Philips Cassetten-Recorder verwenden – zum Aufnehmen oder Abspielen. Mit einer Autohalterung wird er unter das Armaturenbrett montiert und läßt sich mit einem Handgriff bequem jederzeit auch herausnehmen.

Und was die Aufbewahrung der Compact-Cassetten anbetrifft – dafür gibt es ein praktisches Archivsystem. Jede Compact-Cassette ist in einer formstabilen Box verpackt. Für je sechs Cassetten-Boxen gibt es einen Cassetten-Halter. Jeder läßt sich wiederum sinnvoll verbinden, so daß die Aufbewahrung Ihrer Compact-Cassetten kein Problem, sondern eine wahre Freude ist.

Im Preis einbegriffenes Zubehör: Bereitschaftstasche, Mikrofon mit abnehmbarer Fernbedienung und Mikrofonständer, Cassette, Verbindungskabel, Überspieladapter.

Technische Einzelheiten: Max. Spieldauer 2 x 45 Min. mit Cassette C-90, Batterie-Lebensdauer ca. 20 Std., Aufnahmeverriegelung zur Vermeidung des unbeabsichtigten Löschens von vorbespielten Musik-Cassetten, Batterie- und Aussteuerungsanzeige, Anschluß für Netzvorschaltgerät.

Technische Daten auf Seite 15.

Zubehör für Philips Tonbandgeräte

EL 3790
Dynamisches Mikrofon
Richtcharakteristik: Kugel, Empfindlichkeit 0,35 mV/μbar, Impedanz 500 Ohm, für alle Geräte
DM 34,—*)

NG 1212
Dynamisches Mikrofon
Richtcharakteristik: Kugel, Empfindlichkeit 0,28 mV/μbar, Impedanz 500 Ohm, für alle Geräte
DM 36,—*)

EL 3781
Dynamisches Mikrofon
Richtcharakteristik: Kugel, Empfindlichkeit 0,35 mV/μbar, Impedanz 500 Ohm, Stativgewinde ³/₈"; für alle Geräte
DM 42,—*)

EL 3782
Dynamisches Mikrofon
Richtcharakteristik: Niere, mit Sprache/Musikschalter, Empfindlichkeit 0,20 mV/μbar, Impedanz 500 Ohm, Stativgewinde ³/₈"; für alle Geräte
DM 69,—*)

NG 1219
Dynamisches Breitband-Mikrofon
Richtcharakteristik: Niere, Frequenzbereich 40 – 16 000 Hz, Empfindlichkeit 0,18 mV/μbar, Impedanz 200 Ohm, für alle Geräte (einschließlich Tisch-Stativ mit 5 m Anschlußkabel)
DM 169,—*)

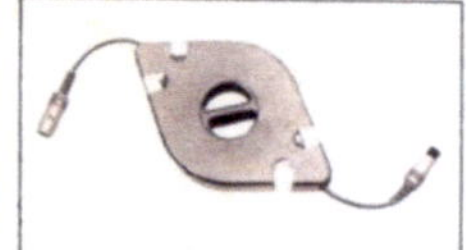

EL 3757
Dynamisches Stereo-Mikrofon
mit 2 eingebauten Systemen, Empfindlichkeit 0,20 mV/μbar, Impedanz, 500 Ohm (je Kanal), mit 5poligem Normstecker, Stativgewinde ³/₈"; für RK 37 und RK 66
DM 120,—*)

NG 1206
Verlängerungsleitung (6 m)
mit Kabelhaspel
mit 5poligem Normstecker und 5poliger Normbuchse, verwendbar für alle Mono- und Stereo-Mikrofone mit 500 und 200 Ohm Impedanz
DM 20,—*)

NG 1205
Mikrofonstativ
verwendbar für Mikrofone EL 3781, EL 3782, NG 1219, EL 3757
DM 40,—*)

NG 1226
Verbindungskabel I
mit 2 x 3poligem Normstecker (mit Überspielwiderstand)
DM 7,20*)

NG 1227
Verbindungskabel II
für ältere Rundfunkgeräte, mit 3poligem Normstecker, Bananensteckern und Flachstecker
DM 7,20*)

NG 1230
Verbindungskabel IV
für Stereoanschluß, mit einem 5poligen und zwei 3poligen Normsteckern
DM 10,20*)

EL 3796
Fernbedienung für RK 5 L
DM 9,20*)

EL 3794
Auto-Einbaueinheit
für Cassetten-Recorder 3301 zum Betrieb über das Autoradio. Einfache Bedienung durch ausfahrbaren Schlitten. Leichte Entnahme des Gerätes.
DM 110,—*)
EL 3798
mit eingebautem 2,5-W-Verstärker zum Anschluß an Wagenlautsprecher.
DM 185,—*)
NG 1203/01
Galvanischer Telefonadapter
für RK 12, 25, 37, 65 und 66
DM 28,—*)
NG 1203: für 3301, RK 5 L
DM 28,—*)

NG 1223/03
Mono-Kopfhörer
mit Abhörgabel für EL 3301, RK 5 L, 25, 37 und 65
DM 29,—*)
NG 1238/01
Stereo-Kopfhörer
mit Abhörgabel für RK 66
DM 33,—*)
EL 3984/15
Fußschalter
für RK 25, 37, 65 und 66
DM 28,—*)
EL 1997/00
Vorschaltgerät
für EL 3305 bei 12 V Betrieb
DM 15,—*)

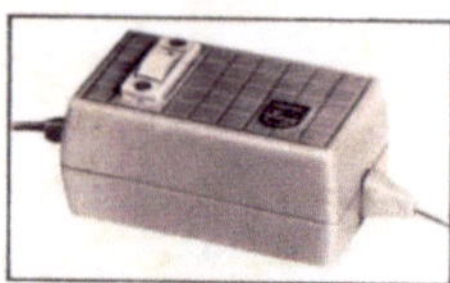

NG 1213
Netzvorschaltgerät für Recorder 3301 und RK 5 L zum Betrieb am Lichtnetz, Leistungsaufnahme ca. 3 W. für 220 V
DM 55,—*)

EL 3787/00 A
Zusatzverstärker
zum Anschluß an die Tonbandgeräte RK 25 und RK 65, für Duoplay, Multiplay und Stereowiedergabe.
DM 89,—*)

NG 1204
Schutztasche für RK 5 L
zur Schonung des Gerätes bei Außenaufnahmen, modernes Schottenmuster
DM 18,50*)

NG 1202
Trageriemen für RK 5 L
mit Mikrofonhalter, anstelle des Tragebügels zu befestigen, schwarzes Leder.
DM 10,50*)

EL 1901
Cutterbox
mit Schneide-Vorrichtung sowie Sortiment von Vor- und Nachspann-, Schalt- und Klebeband.
DM 13,50*)   Abb. Seite 12

NG 1231
Verbindungskabel V
für Stereoanschluß, mit zwei 5poligen Normsteckern (mit Überspielwiderstand)
DM 10,20*)

Philips Tonbänder und Compact-Cassetten.

Type	Bandart	Spulengröße	Bandlänge	Preis
LP 13		13 cm	270 m	13,80*)
LP 15	Langspielband	15 cm	360 m	16,80*)
LP 18		18 cm	540 m	22,80*)
DP 8		8 cm	90 m	6,—*)
DP 10		10 cm	180 m	10,50*)
DP 13	Doppelspielband	13 cm	360 m	18,50*)
DP 15		15 cm	540 m	25,—*)
DP 18		18 cm	730 m	33,50*)
TP 8	Dreifachspielband	8 cm	135 m	11,—*)
TP 10		10 cm	270 m	17,—*)

C 60 Compact-Cassette zum Aufnehmen · Spielzeit 2 x 30 Minuten DM 11,50*)

C 90 Compact-Cassette zum Aufnehmen · Spielzeit 2 x 45 Minuten DM 15,—*)

*) ungeb. Preis

Musik für unterwegs
Philips
Cassetten-Spieler 3305

Musik beim Autofahren ist keine Spielerei. Der positive Einfluß der musikalischen Unterhaltung auf die Stimmung ist eine Tatsache.

Es gibt jetzt den Cassetten-Spieler. Er ist ein Wiedergabegerät für die bespielten, fertigen Musik-Cassetten, das speziell für das Kraftfahrzeug geschaffen wurde. Er wird in das Auto eingebaut und mit dem Autoradio verbunden. Der Einbau ist einfach, denn alle Teile dafür werden mitgeliefert. Die Stromversorgung für die bescheidenen Ansprüche des Gerätes liefert die Wagenbatterie.

Die Bedienung ist so einfach wie die des Cassetten-Recorders. Schwupp – die Cassette rein. Schnapp – den Knopf gedrückt – und schon erklingt die Musik Ihrer Wahl. Das geht so einfach und so schnell, daß die Augen keinen Moment die Fahrbahn außer acht lassen. Kein Schlagloch, keine Eisenbahnschienen, kein unentstörtes Auto kann Ihre musikalische Unterhaltung stören – wenn Sie ihn haben, den Cassetten-Spieler 3305.

Musik aus der Compact-Cassette

Jetzt gibt es fertige, mit Musik bespielte Compact-Cassetten (Musik-Cassetten). Musik, wann und wo es Ihnen gefällt! Ist das nicht einfach sensationell? Die neue, revolutionäre Musik-Cassette für den Cassetten-Recorder und den Cassetten-Spieler ermöglicht das. Die Vorteile: denkbar einfach zu bedienen, geschützt gegen Staub und Beschädigung, klein und leicht wie ein Kartenspiel, modern und zukunftsweisend in der Technik. Die Spieldauer entspricht der einer großen 30-cm-Langspielplatte.

Die neuen Musik-Cassetten enthalten Musik für jeden Wunsch und alle Gelegenheiten. Wählen Sie unter den mehr als 70 Titeln mit berühmten Solisten und hervorragenden Orchestern.

Chantal KELLY

Un geste : le Mini-K7 est chargé

Aussi facilement que vous mettez une lettre à la poste, vous placez dans le Mini-K7... une cassette - petit boîtier contenant un fin ruban magnétique - qui s'enclenche automatiquement.

Ainsi chargé, sans risque de fausse manœuvre, le Mini-K7 est prêt à enregistrer tout ce que vous voudrez, pendant une heure.

Une touche, vous enregistrez ou vous écoutez.

Tout petit magnétophone à transistors et piles, le Mini-K7 est d'un fonctionnement enfantin.

Enregistrement ? Vous branchez le micro, vous poussez une touche... et vous "prenez" tout ce qui vous plaît, où il vous plaît, quand il vous plaît.

Ecoute ? Vous poussez une touche (la même) et vous écoutez vos propres enregistrements, ceux de vos amis... ou encore vos Musicassettes.

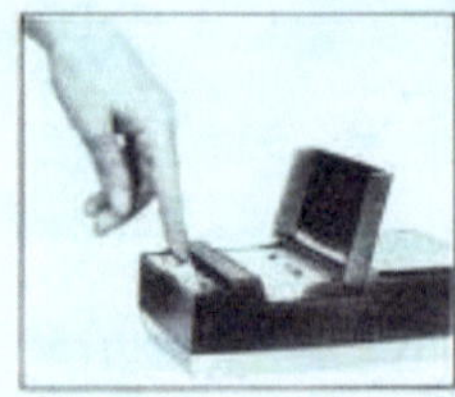

Le Mini-K7 peut aussi se brancher sur une chaîne Hi-Fi, un récepteur radio ou un téléviseur: et alors... quelle musicalité!

Follement nouveau !

Mini-K7 PHILIPS

Une petite merveille pour enregistrer ou écouter de la musique

PHILIPS CASSETTE-RECORDER

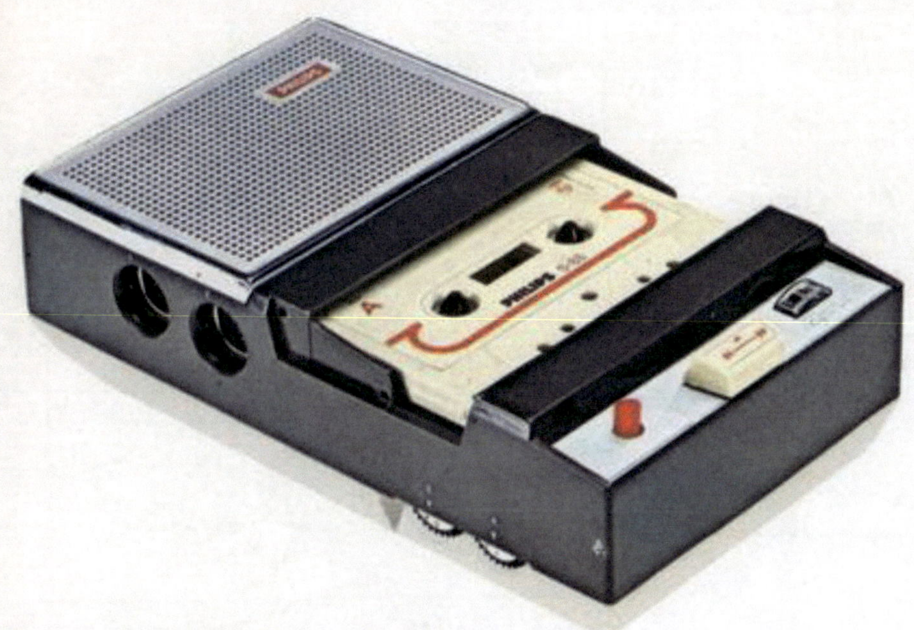

Cassette-recorder *f* 310,—
Uniek cassette-systeem: KLIK - compact-cassette inleggen.
KLAK - druk op de toets, KLAAR - voor opname of weergave.
Uitmuntende geluidsweergave. Bijzonder eenvoudige bediening. Door batterij-
voeding en handig formaat overal bruikbaar.
Compleet met compact-cassette met dertig minuten muziek, rekje voor 6 casset-
tes, microfoon met afstandsbediening, microfoonstandaard, luxe draagtas met
schouderriem. Afmetingen: 19,5 x 11,5 x 5,5 cm.

DE CASSETTES

Compact-cassette *f* 8,95
Onovertroffen bedieningsgemak.
De band is veilig opgeborgen in
de handige kleine compact-cassette.
Cassette voor 2 x ½ uur opnemen of weergeven.
Opbergrekje voor zes compact-
cassettes gratis bij elke Philips
cassette-recorder. De rekjes bie-
den een ideale mogelijkheid de
compact-cassettes overzichtelijk
op te bergen.

PHILIPS
Tonbandgeräte und Cassetten-Recorder
… für den Klang unserer Zeit

Philips Cassetten-Recorder 3302 _mit Batteriebetrieb_

Vor wenigen Jahren war er noch eine Idee. Jetzt ist er in 96 Ländern der Erde zu Hause!

2 Millionen verkaufte Philips Cassetten-Recorder – ein Welterfolg! Alles, was manchen Leuten an einem herkömmlichen Tonbandgerät umständlich erscheinen könnte, fiel fort. Übrig blieb:

eine ganz große Leistung auf ganz kleinem Raum. Der elektronisch geregelte Motor garantiert die gleichbleibende Bandgeschwindigkeit. Durch den Batteriebetrieb, die Handlichkeit und die kinderleichte Bedienung ist der Cassetten-Recorder immer und überall sofort einsatzbereit. Tragetasche und Mikrofon werden mitgeliefert. Noch nie war es so einfach, kurz entschlossen „festzuhalten", was gefällt – ob „life" per Mikrofon, ob vom Radio oder vom Plattenspieler: nur noch Cassette einlegen, Knopf drücken, aussteuern, ab!

Genau so einfach erfolgt die Wiedergabe – von eigenen Aufnahmen oder bespielten MusiCassetten – in hervorragender Klangqualität: Knopf drücken, ab! Bequemer und schneller geht's nicht mehr.

- Wiedergabe auch über Zusatzlautsprecher, Kopfhörer, Rundfunkgerät
- Aussteuerung mit Regler- und Zeiger-instrument
- Batterieanzeige
- Volltransistorisiert!
- Elektronisch geregelter Motor
- Anschluß für Netzvorschaltgerät
- Frequenzbereich 80–10 000 Hz
- Ausgangsleistung 400 mW

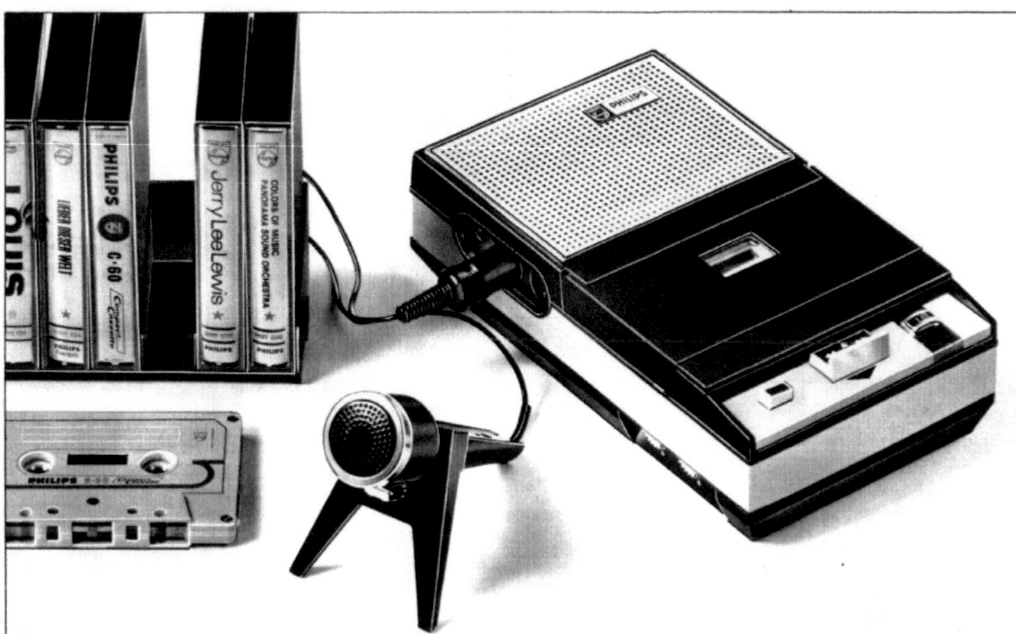

Philips Auto-Einbaueinheit EL 3794 G

Damit Sie auch im Auto etwas von Ihrem Cassetten-Recorder haben, entwickelte Philips die Auto-Einbaueinheit EL 3794 G. Wenn Ihnen also der Gesang des Motors zu einschläfernd wird – ein Knopfdruck, und der Cassetten-Recorder bringt Sie wieder in Schwung.

- Betrieb über die 6- bzw. 12-Volt-Anlage Ihres Wagens
- Problemloser Einbau
- Anschluß an jedes Autoradio
- Abmessungen 230 x 230 x 90 mm

Philips Auto-Cassetta 2600

Ein Abspielgerät für MusiCassetten oder selbst bespielte Compact-Cassetten, das aus langweiligen kurzweilige Auto-fahrten macht. Wenn's im Radio nur Wasserstandsmeldungen, Seewetterberichte „zum Mitschreiben" und Störungen gibt – dann legen Sie Ihre Lieblingscassette auf und haben sofort Musik nach Wunsch.

- Stromversorgung über die 12-Volt-Wagenbatterie
- Problemloser Einbau
- Anschluß an jedes Autoradio
- Abmessungen 145 x 130 x 45 mm

Philips Cassetten-Recorder 3312

Voll-Stereo · für Netzanschluß
Dieses Gerät ist die höchste Entwicklungsstufe des Cassetten-Recorders. MusiCassetten erklingen jetzt in Stereo.

Auch hier die typische Bedienung der Cassetten-Recorder: Cassette einlegen, Taste drücken, ab! Und wenn Sie eigene Stereo-Aufnahmen machen wollen: mit dem Philips Stereo-Mikrofon gelingen sie auf Anhieb. Auch Überspielungen von Stereo-Schallplatten sind kein Problem. Und bei Stereo-Rundfunksendungen: einfach Überspielkabel hineinstecken, Compact-Cassette einlegen, Taste drücken, aussteuern, ab! Erleben Sie den Klang unserer Zeit — in Stereo. (Einzelheiten über die Lautsprecherboxen siehe letzte Seite.)

- Wiedergabe über Rundfunkgerät, Stereo-Anlage — oder einfach über 2 Boxen LFD 3415
- Aussteuerung mit Regler und Zeigerinstrument
- Volltransistorisiert
- Klangregler
- Balanceregler
- Zählwerk
- Frequenzbereich 60—10 000 Hz
- Ausgangsleistung 2 x 2 Watt

Philips Cassetten-Recorder 3310

mit Aussteuerungsautomatik für Netzanschluß
Der Philips Cassetten-Recorder für Ihr Heim — mit allen Vorteilen des Compact-Cassetten-Systems — und einem weiteren: der Aussteuerungsautomatik. Wenn Sie ein wenig experimentieren und die Aussteuerung selbst übernehmen wollen — schalten Sie die Automatik einfach ab. Für Aufnahmen über Mikrofon, für das Überspielen vom Radio oder vom Plattenspieler — oder für die Wiedergabe von fertig bespielten Cassetten — auch bei diesem Gerät heißt es nur noch: Cassette einlegen, Taste drücken, ab!

- Wiedergabe über eingebauten Lautsprecher, Zusatzlautsprecher, Rundfunkgerät
- Volltransistorisiert
- Klangregler
- Zählwerk
- Frequenzbereich 60—10 000 Hz
- Ausgangsleistung 2 Watt

Philips Forschung auch im kleinsten Detail.
Mit diesem Zubehör leistet Ihr Tonbandgerät noch mehr.

EL 1976
Dynamisches Mikrofon
für alle Geräte. Kugelcharakteristik.
Empfindlichkeit: 0,34 mV/µbar. Impe-
danz: 500 Ohm.
DM 20,50*

EL 1980
Dynamisches Mikrofon
für alle Geräte. Kugelcharakteristik.
Empfindlichkeit: 0,32 mV/µbar. Impe-
danz: 500 Ohm.
DM 37,—*

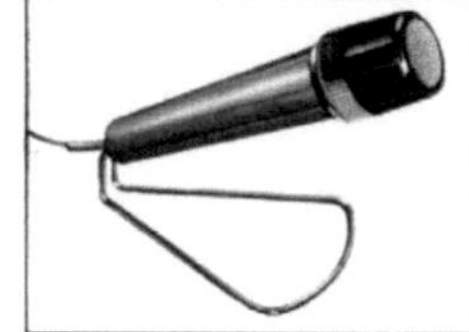

8301
Dynamisches Mikrofon
für alle Geräte. Nierencharakteristik.
Empfindlichkeit: 0,27 mV/µbar. Impe-
danz: 500 Ohm. Stativgewinde $^3/_8$".
DM 57,—*

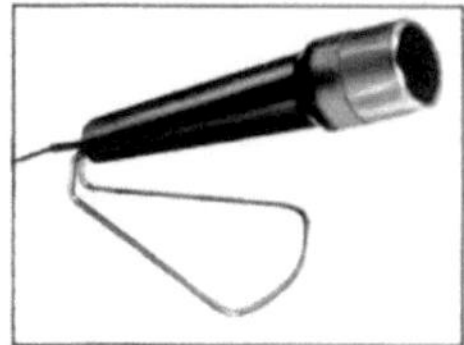

8302
Dynamisches Breitband-Mikrofon
für alle Geräte. Nierencharakteristik.
Empfindlichkeit: 0,24 mV/µbar. Impe-
danz: 500 Ohm. Stativgewinde $^3/_8$".
DM 83,—*

EL 1979
Dynamisches Stereomikrofon
für 3312, RK 57 S, 4408, mit 2 trennbaren Systemen, Nierencharakteristik.
Empfindlichkeit: 0,33 mV/µbar, Impedanz: 500 Ohm je System, Stativgewinde $^3/_8$".
DM 98,—*

EL 3797
Dynamisches Mikrofon
mit Fernbedienung für Cassetten-
Recorder 3302. Fernbedienung ab-
nehmbar, mit Tisch-Stativ.
DM 30,—*

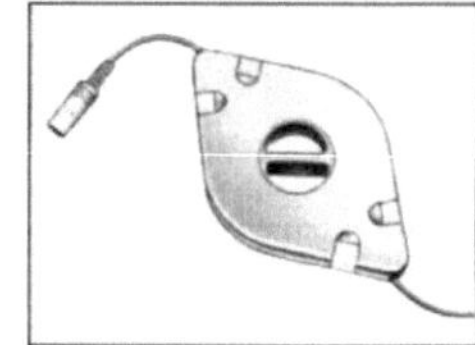

LFD 3006 (NG 1206)
Verlängerungsleitung
6 m, mit Kabelhaspel. Verwendbar für
alle genannten Mikrofone. Mit 5poli-
gem Normstecker und 5poliger Normbuchse.
DM 24,—*

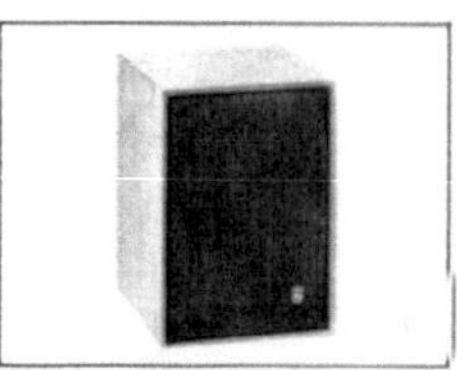

LFD 3415 (NG 1215)
Lautsprecherbox
für alle Geräte. Impedanz: 8 Ohm.
Belastbarkeit: 6 Watt. Frequenzgang:
70 Hz—18 kHz. Edelholzgehäuse.
Abmessungen: 185 x 260 x 185 mm.
DM 61,—*

LFD 3405 (NG 1205)
Mikrofonstativ
verwendbar für alle Mikrofone mit
Stativgewinde $^3/_8$".
DM 41,—*

LFD 3403 (NG 1203/1)
Telefonadapter
galvanisch. Zum Aufzeichnen von
Telefongesprächen. Für alle Geräte.
DM 29,—*

EL 3984/15
Fußschalter
für RK 57 S.
DM 29,—*

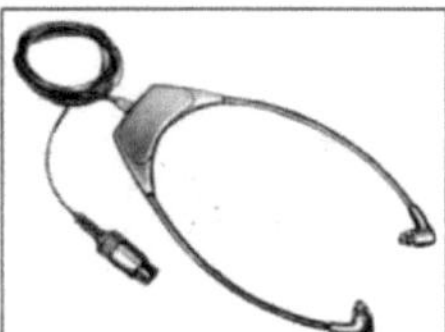

LFD 3438 (NG 1238/02)
Stereo-Kopfhörer
für RK 57 S, 4408.
DM 34,—*

EL 3787
Zusatzverstärker
für Duoplay-, Multiplay-Aufnahme
und Stereo-Wiedergabe. Zum Anschluß an das Tonbandgerät 4308.
DM 92,—*

LFD 3416 (NG 1216)
Universal-Netz-Vorschaltgerät 220 V
für Cassetten-Recorder 3302, Koffer-
radios und Phonogeräte mit einer
Batteriespannung von 7,5 bis 9 Volt.
DM 47,—*

EL 1995
Dia-Steuergerät
zur Steuerung automatischer Projektoren. Für alle Tonbandgeräte. Impulslage auf Spur 4. Impulsfrequenz:
ca. 1000 Hz. Transistorisiert. Batteriebetrieb (mehr als 100 Std. Betriebsdauer). Drucktastensteuerung. Löschanzeige. Impulslöschung Höhenverstellung.
DM 124,—*

LFD 3414 (NG 1214)
Fußschalter
für Cassetten-Recorder 3302. Mit 5po-
ligem DIN-Stecker 240°, 1,80 m An-
schlußleitung.
DM 11,20*

LFD 3423 (NG 1223/03)
Mono-Kopfhörer
für 3302, 4308.
DM 30,—*

EL 3794 G
Auto-Einbaueinheit
für Cassetten-Recorder 3302. Betrieb
über die 6- bzw. 12-Volt-Anlage. Anschluß an jedes Autoradio. Abmessungen 230 x 230 x 90 mm.
DM 114,—*

LFD 3440
Adapter
für Cassetten-Recorder 3302 zum
gleichzeitigen Anschluß von Fernbedienung (oder Fußschalter), Kopfhörer
und Netzvorschaltgerät LFD 3416.
DM 29,80*

LFD 3026 (NG 1226)
Verbindungskabel
mit zwei 3poligen Normsteckern (mit
Überspielwiderstand).
DM 7,50*

Philips High Fidelity · Low Noise Tonbänder

Type	Bandart	Spulengröße	Bandlänge	Spieldauer**	Best.-Nr.
LP 13	Langspielband	13 cm	270 m	45 Min.	449 1350
LP 15	Langspielband	15 cm	360 m	60 Min.	449 1550
LP 18	Langspielband	18 cm	540 m	90 Min.	449 1850
DP 13	Doppelspielband	13 cm	360 m	60 Min.	449 1360
DP 15	Doppelspielband	15 cm	540 m	90 Min.	449 1560
DP 18	Doppelspielband	18 cm	730 m	120 Min.	449 1860

** bei 9,5 cm/s Bandgeschwindigkeit für einen Durchlauf

Archiv-Boxen und Leerspulen

6er Einheit Archiv-Boxen für 13-cm-Spulen			449 0513
6er Einheit Archiv-Boxen für 15-cm-Spulen			449 0515
6er Einheit Archiv-Boxen für 18-cm-Spulen			449 0518
6er Einheit Leerspulen	13 cm		449 1013
6er Einheit Leerspulen	15 cm		449 1015
6er Einheit Leerspulen	18 cm		449 1018

SK 10
Cutterbox

Cutterbox mit Schneidevorrichtung sowie Sortiment
von Vor- und Nachspannband, Schalt- und Klebeband.   449 1000

LFD 3027 (NG 1227)
Verbindungskabel
für ältere Rundfunkgeräte. Mit einem
3poligen Normstecker. Bananenstek-
kern und Flachstecker.
DM 7,50*

LFD 3030 (NG 1230)
Verbindungskabel
für Stereo-Anschluß mit einem 5poli-
gen und zwei 3poligen Normsteckern.
DM 10,50*

LFD 3031 (NG 1231)
Verbindungskabel
für Stereo-Anschluß mit zwei 5poligen
Normsteckern (mit Überspielwider-
ständen).
DM 10,50*

* ungebundener Preis

Technische Änderungen und Liefermöglichkeit vorbehalten.

Deutsche Philips GmbH W 1761-607-140 PTO 822/399-250-468

Cassetten-Recorder EL 3302

Einlegen der Compact-Cassette, Knopf drücken, Aussteuerungsregler einstellen. Bei so einfacher Bedienung können auch technisch „Unbedarfte" Tonbandaufnahmen machen. Der Welterfolg Philips Cassetten-Recorder EL 3302 führte das Tonbandhobby zu immer größerer Beliebtheit. Mikrofon mit Fernbedienung (Start/Stop), Tragetasche, Überspielkabel und Compact-Cassette werden mitgeliefert.

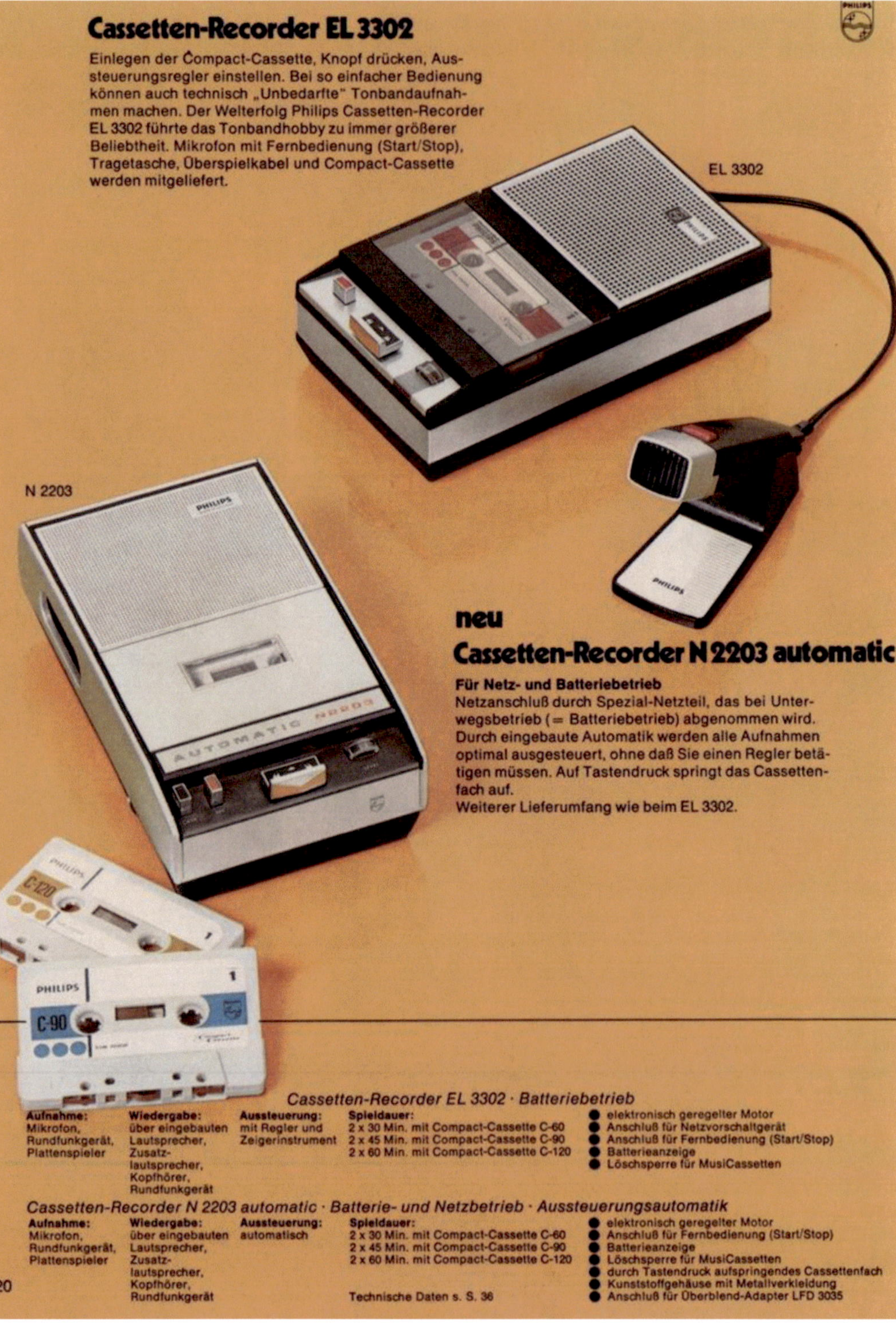

neu
Cassetten-Recorder N 2203 automatic

Für Netz- und Batteriebetrieb
Netzanschluß durch Spezial-Netzteil, das bei Unterwegsbetrieb (= Batteriebetrieb) abgenommen wird. Durch eingebaute Automatik werden alle Aufnahmen optimal ausgesteuert, ohne daß Sie einen Regler betätigen müssen. Auf Tastendruck springt das Cassettenfach auf.
Weiterer Lieferumfang wie beim EL 3302.

Cassetten-Recorder EL 3302 · Batteriebetrieb

Aufnahme:	Wiedergabe:	Aussteuerung:	Spieldauer:	
Mikrofon,	über eingebauten	mit Regler und	2 x 30 Min. mit Compact-Cassette C-60	● elektronisch geregelter Motor
Rundfunkgerät,	Lautsprecher,	Zeigerinstrument	2 x 45 Min. mit Compact-Cassette C-90	● Anschluß für Netzvorschaltgerät
Plattenspieler	Zusatz-		2 x 60 Min. mit Compact-Cassette C-120	● Anschluß für Fernbedienung (Start/Stop)
	lautsprecher,			● Batterieanzeige
	Kopfhörer,			● Löschsperre für MusiCassetten
	Rundfunkgerät			

Cassetten-Recorder N 2203 automatic · Batterie- und Netzbetrieb · Aussteuerungsautomatik

Aufnahme:	Wiedergabe:	Aussteuerung:	Spieldauer:	
Mikrofon,	über eingebauten	automatisch	2 x 30 Min. mit Compact-Cassette C-60	● elektronisch geregelter Motor
Rundfunkgerät,	Lautsprecher,		2 x 45 Min. mit Compact-Cassette C-90	● Anschluß für Fernbedienung (Start/Stop)
Plattenspieler	Zusatz-		2 x 60 Min. mit Compact-Cassette C-120	● Batterieanzeige
	lautsprecher,			● Löschsperre für MusiCassetten
	Kopfhörer,			● durch Tastendruck aufspringendes Cassettenfach
	Rundfunkgerät		Technische Daten s. S. 36	● Kunststoffgehäuse mit Metallverkleidung
				● Anschluß für Überblend-Adapter LFD 3035

PHILIPS

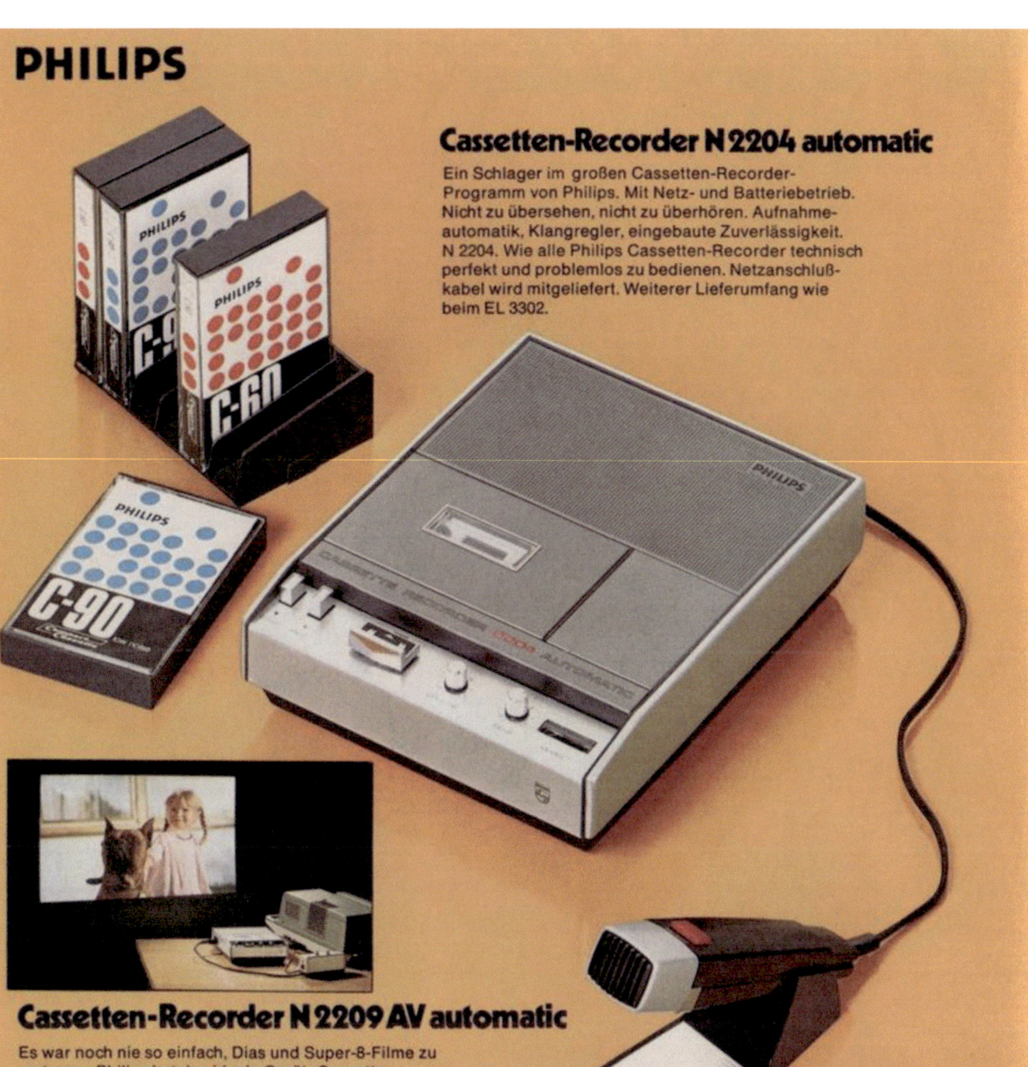

Cassetten-Recorder N 2204 automatic

Ein Schlager im großen Cassetten-Recorder-
Programm von Philips. Mit Netz- und Batteriebetrieb.
Nicht zu übersehen, nicht zu überhören. Aufnahmeautomatik, Klangregler, eingebaute Zuverlässigkeit.
N 2204. Wie alle Philips Cassetten-Recorder technisch
perfekt und problemlos zu bedienen. Netzanschlußkabel wird mitgeliefert. Weiterer Lieferumfang wie
beim EL 3302.

Cassetten-Recorder N 2209 AV automatic

Es war noch nie so einfach, Dias und Super-8-Filme zu
vertonen. Philips hat das ideale Gerät: Cassetten-
Recorder N 2209 AV automatic mit eingebautem Impuls-
kopf. Sonst in gleicher Ausführung wie N 2204 automatic.
Für die Vertonung erforderliches Zubehör: Philips Dia-
Steuergerät LFD 3442 (s. S. 35). Spezialprospekt anfordern!

Cassetten-Recorder N 2204 automatic · Batterie- und Netzbetrieb · Aussteuerungsautomatik

Aufnahme:	**Wiedergabe:**	**Aussteuerung:**	**Spieldauer:**	
Mikrofon,	über eingebauten	automatisch	2 x 30 Min. mit Compact-Cassette C-60	● elektronisch geregelter Motor
Rundfunkgerät,	Lautsprecher,		2 x 45 Min. mit Compact-Cassette C-90	● eingebautes Netzteil
Plattenspieler	Zusatz-		2 x 60 Min. mit Compact-Cassette C-120	● Anschluß für Fernbedienung (Start/Stop)
	lautsprecher,			● Batterieanzeige
	Kopfhörer,			● Löschsperre für MusiCassetten
	Rundfunkgerät			● Klangregler
				● durch Tastendruck aufspringendes Cassettenfach
				● Anschluß für Überblend-Adapter LFD 3035

Cassetten-Recorder N 2209 AV automatic · Batterie- und Netzbetrieb · Aussteuerungsautomatik
Impulskopf für synchrone Dia- und Filmvertonung

Aufnahme:	**Wiedergabe:**	**Aussteuerung:**	**Spieldauer:**	
Mikrofon,	über eingebauten	automatisch	2 x 30 Min. mit Compact-Cassette C-60	● elektronisch geregelter Motor
Rundfunkgerät,	Lautsprecher,		2 x 45 Min. mit Compact-Cassette C-90	● eingebautes Netzteil
Plattenspieler	Zusatz-		2 x 60 Min. mit Compact-Cassette C-120	● Anschluß für Fernbedienung (Start/Stop)
	lautsprecher,			● Batterieanzeige
	Kopfhörer,			● Klangregler
	Rundfunkgerät			● durch Tastendruck aufspringendes Cassettenfach
				● Anschluß für Dia-Steuergerät LFD 3442
				● Anschluß für Überblend-Adapter LFD 3035

Technische Daten s. S. 36

PHILIPS Tonbandgeräte und Cassetten-Recorder

...ein rundes Programm

Cassetten-Recorder. Einfacher kann ein
Tonbandgerät nicht mehr zu bedienen
sein: Schwupp – Cassette eingelegt,
schnapp – den Knopf gedrückt.
Schon läuft entweder Aufnahme oder
Wiedergabe. Genauso einfach kann
man heute schon Stereophonie haben.
Mit dem Stereo-Cassetten-Recorder 3312.
Sie sehen also, wie Sie sich auch ent-
scheiden, Philips hat Ihr Tonbandgerät.

Philips wegweisend
in der Magnetbandtechnik

Philips Tonbandgeräte sind auf der
ganzen Welt bekannt und beliebt.
Sie sind modern und zukunftssicher,
denn internationale Philips-Forschung
und -Erfahrung kommen ihnen zugute.
Sie sind preiswert, denn Philips baut
hohe Stückzahlen in rationeller Groß-
serienfertigung. Sie zeichnen sich aus
durch hohes Qualitätsniveau und
fortschrittliche Ideen. Beweis:
Der Philips Cassetten-Recorder 3302.
Er wurde ein Welterfolg.
Beweis: Der Philips Video-Recorder.

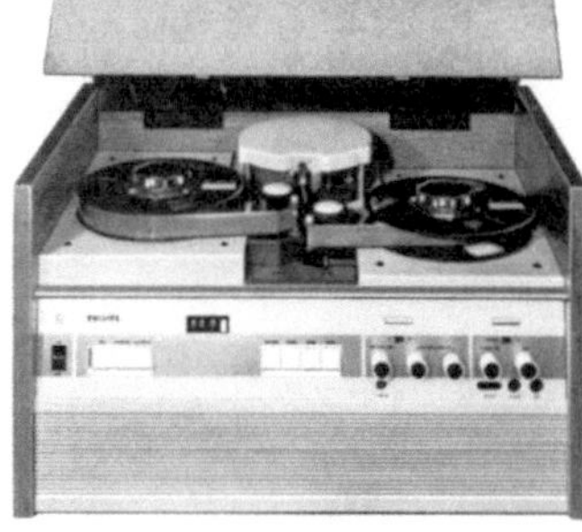

Das erste Heim-Fernsehaufzeichnungs-
gerät, das in Serie ging. Beweis:
Das Philips High Fidelity-Low Noise
Tonband. Eine der wesentlichen
Neuerungen auf diesem Gebiet seit der
Erfindung des Tonbandes. Nur drei
Beispiele, doch sie machen deutlich:
Philips ist wegweisend in der
Magnetbandtechnik.

Glückwunsch zu Ihrer guten Idee!

Sie wollen sich dem großen Kreis der
Tonbandfreunde anschließen. Sie
gehören zu den aktiven Menschen, die
gern Eigenes gestalten. Mit einem
Tonbandgerät tut sich Ihnen eines der
schönsten Hobbies auf.
In diesem Katalog stellen wir Ihnen das
neue Programm von Philips Tonband-
geräten vor. Es ist eine breite Skala
von Möglichkeiten, die wir Ihnen bieten.
Was für Ansprüche und Vorstellungen
Sie auch haben – Philips erfüllt sie
mit seinem runden Programm.

Tonbandgeräte kann man
so und so sehen. Wieso?

Nun, Sie wissen, außer den herkömmlichen Spulengeräten gibt es heute
einen völlig neuen Tonbandgerätetyp,
die Cassetten-Recorder von Philips.
Für welches Gerät sollten Sie sich ent-
scheiden? Ganz einfach: Natürlich nur
für das, welches zu Ihnen am besten
paßt. Welches also Ihren Ansprüchen
ideal gerecht wird. Dazu müssen Sie
wissen, worin sich alle diese Philips-
Tonbandgeräte unterscheiden.

Hier Spulengerät –
dort Cassetten-Recorder

Philips hat in seinem großen Programm
insgesamt sieben verschiedene
Spulen-Tonbandgeräte. Warum? Weil

die Tonbandfreunde und ihre Ansprüche
so verschieden sind.
Der eine möchte sein Tonbandgerät
ganz unkompliziert, ohne viel
technisches Drum und Dran. Für ihn
schuf Philips das Tonbandgerät 4304
mit Aufnahmeautomatik. Da kann nichts
schiefgehen. – Ein anderer aber
möchte mit seinem Gerät effektvolle
Trickaufnahmen machen, z. B. Sprache
und Musik mischen, oder Dias und
Filme vertonen. Auch der findet bei
Philips genau das Tonbandgerät nach
seinen Vorstellungen.
Nun gibt es auch Menschen, die es gern
noch einfacher hätten. Bitte, für sie
entwickelte Philips die berühmten

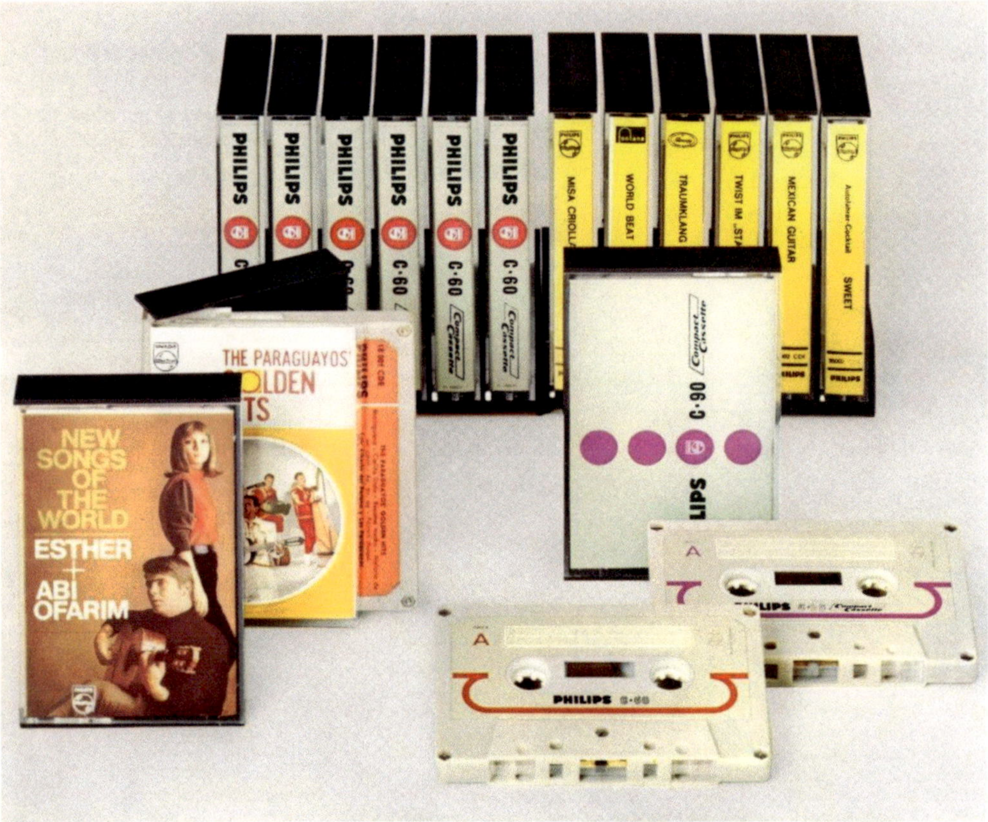

Compact Cassette

Trotz kleinster Abmessungen enthält die Compact-Cassette ein hochwertiges Tonband. In ihrer einfachen Handhabung ist sie nicht zu übertreffen. Das ist die überzeugende Idee, die zum millionenfachen Erfolg führte. Hinein in den Cassetten-Recorder, Knopf drücken, und schon läuft entweder Aufnahme oder Wiedergabe. Compact-Cassetten erhalten Sie in praktischen Archivboxen.

Compact-Cassetten für Ihre Aufnahmen
Die Compact-Cassette C · 60 spielt eine Stunde (2x30 Minuten). Die Cassette C · 90 volle 1$\frac{1}{2}$ Stunden (2x45 Minuten). Also genug Platz für Ihre Lieblingsmelodien. Oder für ein ganzes Hörspiel. Sie können alles aufnehmen, was Ihnen Freude macht. Ein wunderbares Hobby, das durch die Compact-Cassette ganz und gar problemlos geworden ist.

Compact-Cassetten mit Musik bespielt
Die bekannten Schallplattenproduzenten bringen laufend neue *Musicassetten* heraus: berühmte Solisten und Orchester mit Schlagern, Beat, Musicals, Jazz — was Sie wollen. Mit dem Philips Cassetten-Recorder 3312 erklingen *Musicassetten* in Stereo! Die Spieldauer der *Musicassetten* entspricht der einer EP-Schallplatte bzw. einer Langspielplatte.

Musicassetten gibt es in Deutschland unter folgenden Marken:

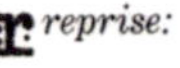
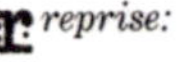

Philips Cassetten-Recorder 3302
für Batteriebetrieb

Jederzeit spielbereit, überall dabei, handlich und chic, das ist der erfolgreiche Philips Cassetten-Recorder 3302. Die Bedienung ist ein Kinderspiel — so einfach wie modernes Fotografieren. Schwupp, die Cassette rein — schnapp, den Knopf gedrückt, und schon läuft Aufnahme oder Wiedergabe (wie bei einem großen Gerät — nur viel einfacher). Fünf 1,5-V-Batterien (Babyzellen) halten den volltransistorisierten Philips Cassetten-Recorder 3302 spielbereit für lange Zeit. Erstaunlich, was dieses kleine Gerät für Möglichkeiten bietet. Ihre Erwartungen werden noch übertroffen. Sie nehmen auf und spielen ab, wann und wo Sie wollen — zu Hause oder unterwegs. (Auch im Auto — mit der Autohalterung für dieses Gerät, EL 3794 B, siehe Zubehörseite.) Aufnahmen mit dem Mikrofon sind ebenso problemlos wie das Überspielen vom Rundfunkgerät oder Plattenspieler. Die Wiedergabe erfolgt über den eingebauten Lautsprecher, ein Rundfunkgerät oder Kopfhörer. Zum Cassetten-Recorder 3302 werden mitgeliefert: eine praktische Tragetasche, ein Mikrofon mit abnehmbarer Fernbedienung, Überspielkabel und eine Compact-Cassette.

Aufnahme	Wiedergabe	Aussteuerung	Spieldauer	weitere Vorzüge
Mikrofon, Rundfunkgerät, Plattenspieler	über eingebauten Lautsprecher, Zusatzlautsprecher, Kopfhörer, Rundfunkgerät	mit Regler und Zeigerinstrument	2 x 30 Min. mit Compact-Cassette C·60, 2 x 45 Min. mit Compact-Cassette C·90	• volltransistorisiert • elektronisch geregelter Motor • Anschluß für Netzvorschaltgerät • Anschluß für Fernbedienung • Batterieanzeige • kein versehentliches Löschen vorbespielter Musicassetten

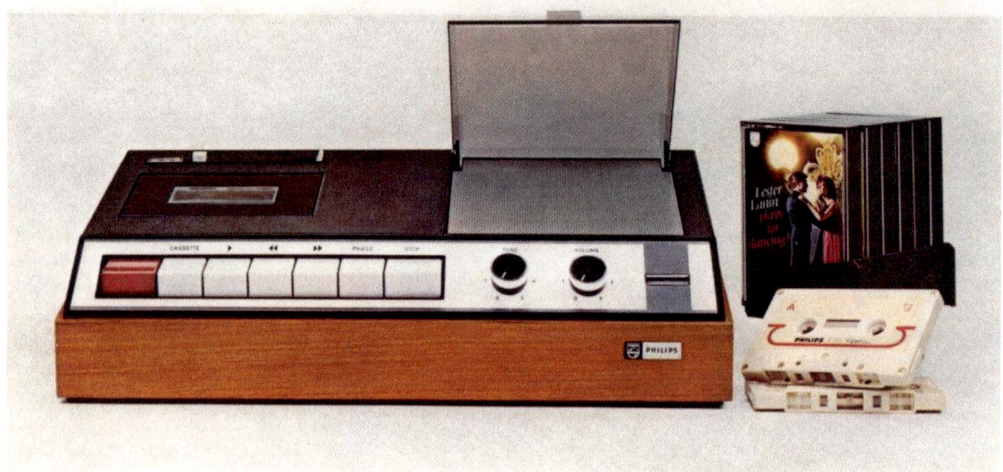

Philips Cassetten-Recorder 3310
mit Aussteuerungsautomatik · für Netzanschluß

Auch für Ihr Heim gibt es jetzt einen Philips Cassetten-Recorder! Mit all den Vorteilen problemloser Bedienbarkeit, die das Compact-Cassetten-System ermöglicht.
Ein Tastendruck — und das Cassetten-Magazin öffnet sich. Compact-Cassette einlegen, Magazin schließen — und schon kann es losgehen: Wiedergabe von bespielten Compact-Cassetten (*Musicassetten*) oder von eigenen Aufnahmen. Aufnahmemöglichkeiten: per Mikrofon oder durch Überspielen vom Radio oder Plattenspieler. Nichts kann mehr schief gehen, denn die Aufnahmen werden automatisch ausgesteuert, sofern Sie das nicht selbst übernehmen wollen. Ein Zählwerk zeigt, wieviel Sie bereits aufgenommen oder abgespielt haben.
Der Cassetten-Recorder 3310 fügt sich durch die gediegene Formgebung seines Edelholzgehäuses in jeden Wohnstil ein. Eine Freude für Ihre ganze Familie — und für Ihre Gäste.

Aufnahme	Wiedergabe	Aussteuerung	Spieldauer	weitere Vorzüge
Mikrofon, Rundfunkgerät, Plattenspieler	über eingebauten Lautsprecher, Zusatzlautsprecher, Rundfunkgerät	automatisch oder mit Regler und Zeigerinstrument	2 x 30 Min. mit Compact-Cassette C·60, 2 x 45 Min. mit Compact-Cassette C·90	• volltransistorisiert • Klangregler • Zählwerk • Drucktastensteuerung auch für das Cassetten-Magazin • kein versehentliches Löschen vorbespielter Musicassetten

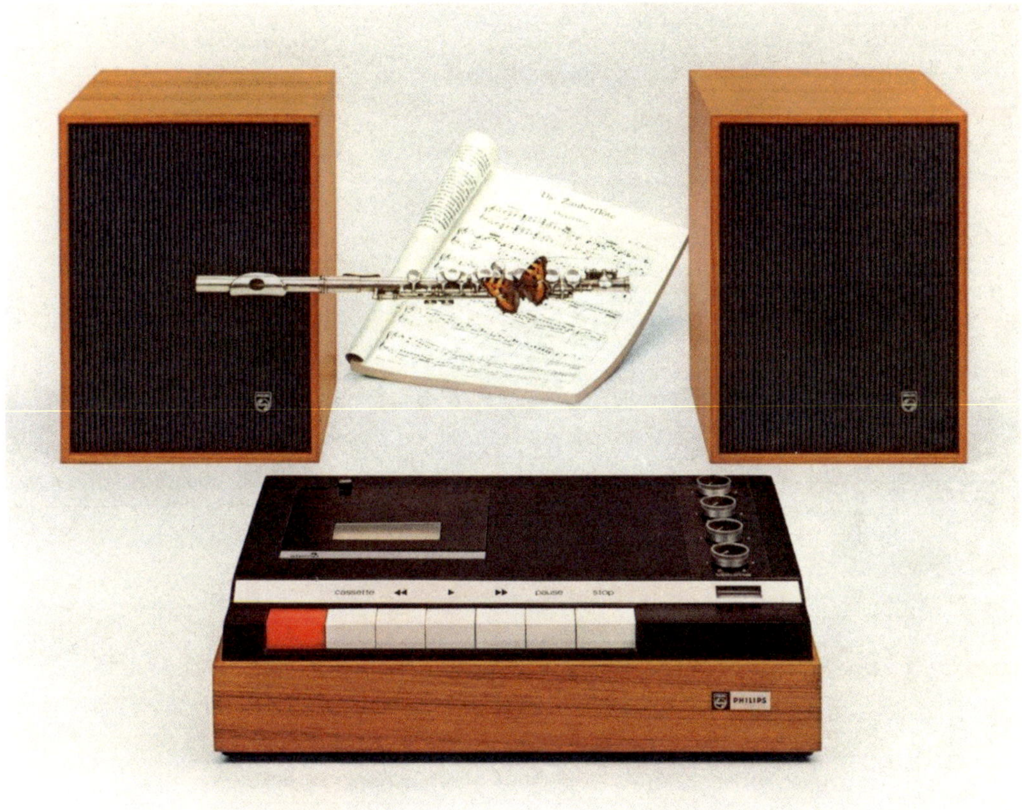

Philips Cassetten-Recorder 3312
Voll-Stereo · für Netzanschluß

Nach ihrem Siegeszug rund um die Welt bietet die Compact-Cassette jetzt ein neues Klangerlebnis: Stereophonie! Als erstes Unternehmen stellt Philips hiermit einen Stereo-Cassetten-Recorder vor, mit dem nun alle Vorzüge der Compact-Cassette voll ausgenutzt werden. Jetzt hören Sie Musik mit vollem Raumklang von Compact-Cassetten. Sie wissen ja, die *Musicassetten* erklingen auf diesem Gerät in Stereo. Und Ihre eigenen Stereo-Aufnahmen gelingen Ihnen auf Anhieb perfekt. Die Bedienung ist gewohnt einfach, wie bei jedem Philips Cassetten-Recorder: Cassette einlegen, Magazin schließen, Taste drücken. Eigene Aufnahmen machen Sie mit dem Philips Stereo-Mikrofon; Überspielungen von Stereo-Schallplatten oder Stereo-Rundfunksendungen erfolgen wie üblich mit einem Überspielkabel. Natürlich sind mit dem Cassetten-Recorder 3312 auch Aufnahme und Wiedergabe von Compact-Cassetten in Mono möglich.
(Näheres über die abgebildeten Lautsprecherboxen NG 1215 siehe Seite 15.)

Aufnahme	Wiedergabe	Aussteuerung	Spieldauer	weitere Vorzüge

mono / stereo:
Mikrofon,
Rundfunkgerät,
Plattenspieler
	mono / stereo:
	über separate
	Lautsprecher,
	Rundfunkgerät,
	Stereo-Anlage
		mit Regler und
		Zeigerinstrument
			2 x 30 Min. mit
			Compact-Cassette C · 60,
			2 x 45 Min. mit
			Compact-Cassette C · 90
				• volltransistoriert
				• Klangregler
				• Balanceregler
				• Zählwerk
				• Drucktastensteuerung
				  auch für das Cassetten-Magazin
				• kein versehentliches Löschen
				  vorbespielter Musicassetten

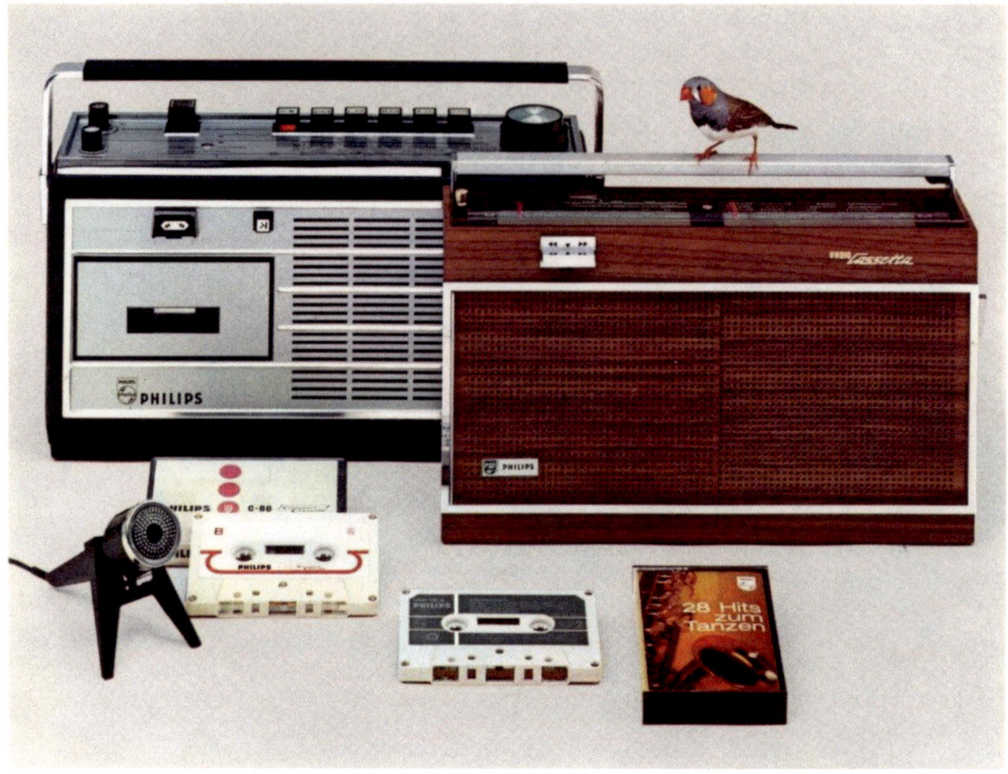

Philips Radio-Recorder und Radio-Cassetta

Wieder kommt eine sensationelle Idee von Philips: der Cassetten-Recorder im Kofferradio. Darauf haben viele gewartet. Wenn im Radio mal nichts Flottes zu finden ist; schwupp schnapp schalten Sie um auf das eigene Musik-programm. So einfach geht das mit den vorbespielten *Musicassetten* und der Radio-Cassetta. Möchten Sie darüber hinaus gern Interessantes aus dem Radio festhalten? Bitte — auch das geht heute Mit dem Radio-Recorder. Er ist Radio, Musicbox und Tonbandgerät in einem.

Philips Radio-Recorder
Haben Sie schon einmal Ihre eigene Stimme im Radio gehört? Ein herr-licher Spaß mit dem Radio-Recorder. Sie wissen, sein eingebauter Cassetten-Recorder ist ein vollwertiges Tonbandgerät. Für Aufnahme und Wiedergabe mit Compact-Cassetten. Was Ihnen gefällt — Sie nehmen es gleich auf — aus dem Radioteil. Einem Rundfunkgerät mit vier Wellen-bereichen und autom. UKW-Scharf-abstimmung.

Philips Radio-Cassetta
Diese praktische Kombination besteht aus einem leistungsstarken Radioteil und einem Cassetten-Spieler für Com-pact-Cassetten. Mit einem Tasten-druck schalten Sie um vom Rundfunk-programm auf den Cassetten-Spieler. Oder umgekehrt. Wie es beliebt. Ihre Überraschung: Niemand wird das klingende Geheimnis — den Cassetten-Spieler — hinter der „Schiebetür" im Frontteil des Gerätes vermuten.

Radio-Cassetta	Wellenbereiche	Abmessungen, Gewicht	Bestückung	weitere Vorzüge
	UKW, MW, LW, KW (41–49 m)	30 x 19 x 8 cm ca. 2.4 kg	14 Valvo-Transistoren + 8 Dioden 1 Selenstabilisator	• schwenkbare Teleskopantenne • versenkbarer Haltegriff • Anschluß für Netzvorschaltgerät

Radio-Recorder	Wellenbereiche	Abmessungen, Gewicht	Bestückung	weitere Vorzüge
	UKW, MW, LW, KW (31–49 m)	32 x 18 x 9 cm ca. 4.5 kg	22 Valvo-Transistoren + 15 Dioden	• schwenkbare Teleskopantenne • autom. UKW-Scharfabstimmung • Anschluß für Autoantenne, Plattenspieler, Mikrofon und Netzvorschaltgerät

Zubehör für Philips Tonbandgeräte und Cassetten-Recorder

EL 1976
Dynamisches Mikrofon
für alle Geräte.
Richtcharakteristik: Kugel
Empfindlichkeit: 0,34 mV/ubar
Impedanz: 500 Ohm
DM 19,80*

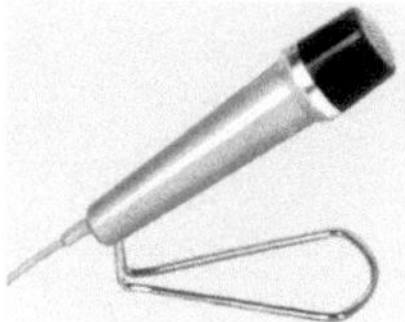

EL 1980
Dynamisches Mikrofon
für alle Geräte.
Richtcharakteristik: Kugel
Empfindlichkeit: 0,32 mV/ubar
Impedanz: 500 Ohm
DM 36,–*

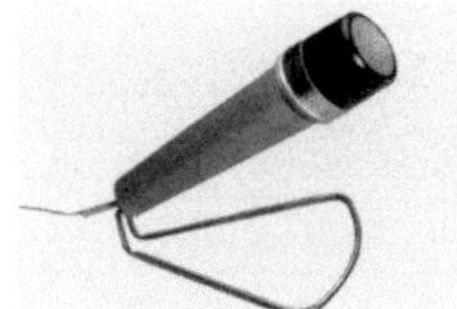

8301
Dynamisches Mikrofon
für alle Geräte.
Richtcharakteristik: Niere
Empfindlichkeit: 0,27 mV/ubar
Impedanz: 500 Ohm
Stativgewinde $^3/_8''$
DM 55,–*

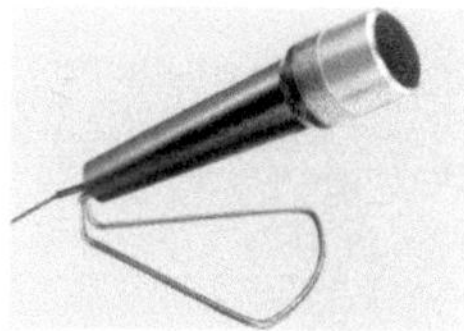

8302
Dynamisches Breitband-Mikrofon
für alle Geräte.
Richtcharakteristik: Niere
Empfindlichkeit: 0,24 mV/ubar
Impedanz: 500 Ohm
Frequenzbereich: 80 Hz – 19 kHz
Stativgewinde $^3/_8''$
DM 80,–*

EL 1979
Dynamisches Stereomikrofon
für 3312, RK 37 S, RK 57 S, 4408
mit 2 trennbaren Systemen
Empfindlichkeit: 0,33 mV/ubar
Impedanz: 500 Ohm (je Kanal)
Stativgewinde $^3/_8''$
DM 95,–*

EL 3787
Zusatzverstärker
für Duoplay-, Multiplay-Aufnahme
und Stereo-Wiedergabe.
Zum Anschluß an die Tonbandgeräte 4305, RK 65 S, RK 65 2.
DM 89,–*

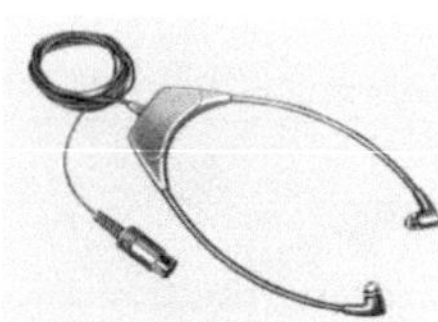

NG 1238/02
Stereo-Kopfhörer
für RK 57 S, 4408
DM 33,–*

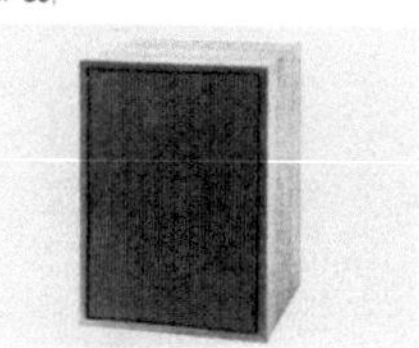

NG 1215
Lautsprecherbox
für alle Geräte.
Impedanz: 8 Ohm
Belastbarkeit: 6 Watt
Frequenzgang: 70 Hz – 18 kHz
Edelholzgehäuse (s. Seite 13)
DM 59,–*

Technische Daten der Philips Cassetten-Recorder und Tonbandgeräte

	Cassetten-Recorder 3302	Cassetten-Recorder 3310	Cassetten-Recorder 3312	Auto-Cassetten-Spieler 2600	Tonbandgerät 4304 (RK 15 S)	Tonbandgerät 4305 (RK 25 S)
Frequenzbereich*	80–10.000 Hz	60–10.000 Hz	60–10.000 Hz	60–10.000 Hz	80–12.000 Hz (3)	60–10.000 Hz (2) 60–14.000 Hz (3)
Bestückung						
Röhren	–	–	–	–	4	–
Transistoren	10	8	15	5	1	10
Aufnahme						
mono	×	×	×	–	×	×
stereo	–	–	×	–	–	–
Wiedergabe						
mono	×	×	×	×	×	×
stereo	–	–	×	–	–	× mit Zusatzver-stärker und Radio
Gleichlaufabweichung	$\leq \pm 0,3\%$	$\leq \pm 0,3\%$	$\leq \pm 0,3\%$	$\leq \pm 0,3\%$	$\leq \pm 0,3\%$	$\leq \pm 0,3\%$
Störabstand	$\geq$ 45 dB	$\geq$ 45 dB	$\geq$ 45 dB	$\geq$ 45 dB	$\geq$ 45 dB	$\geq$ 45 dB
Endstufe	400 mW	2 W	2 × 2 W	–	2 W	2 W
Gehäuselautsprecher	×	×	(Betrieb mit 2 Boxen)	–	×	×
Eingänge						
Mikrofon	0,2 mV/2 k Ω	0,25 mV/4,5 k Ω	0,25 mV/2,5 k Ω	–	0,2 mV/3 k Ω	0,25 mV/2 k Ω
Rundfunk						2,5 mV/20 k Ω
Plattenspieler	150 mV/1,5 M Ω	100 mV/1 M Ω	100 mV/1 M Ω	–	250 mV/1,5 M Ω	70 mV/680 k Ω
Ausgänge						
Rundfunk bzw. Verstärker	0,5 V/20 k Ω	1 V/18 k Ω	1 V/12 k Ω	0,5 V/20 k Ω	750 mV/20 k Ω	750 mV/20 k Ω
Zusatzlautsprecher	5–8 Ω	5–8 Ω	2 × 5–8 Ω	–	5–8 Ω	5–8 Ω
Kopfhöreranschluß	200 mV/1,5 k Ω	–	–	–	–	1500 Ω
Fernbedienung	wird mitgeliefert	–	–	–	–	EL 3984/15
Betriebsspannung	7,5 V 5 Baby-Zellen oder Netzvorschaltgerät	110/127/220/245 V 50 Hz	110/127/220/245 V 50 Hz	12 V Autobatterie (– an Masse)	110/127/220/245 V 50 Hz	110/127/220/245 V 50 Hz
Leistungsaufnahme	ca. 800 mW	15 W	20 W	1,2 W	40 W	40 W
Gehäuse	Kunststoff	Edelholz/Kunststoff	Edelholz/Kunststoff	Kunststoff	Kunststoff	Kunststoff
Abmessungen Breite x Tiefe x Höhe	115×200×55 mm	365×215×90 mm	320×210×95 mm	145×130×45 mm	360×255×125 mm	395×285×135 mm
Gewicht	1,35 kg	3,8 kg	3,2 kg	1,35 kg	5,4 kg	7 kg

* Der Frequenzbereich der Tonbandgeräte ist abhängig von der Bandgeschwindigkeit. Es bedeutet: (1) 2,4 cm/s, (2) 4,75 cm/s, (3) 9,5 cm/s und (4) 19 cm/s.

EL 1995
Dia-Steuergerät
zur Steuerung automatischer
Projektoren. Für alle Tonband-
geräte. Impulslage auf Spur 4
Impulsfrequenz: ca. 1000 Hz
Transistorisiert.
Batteriebetrieb (mehr als
100 Std. Betriebsdauer)
Drucktastensteuerung.
Löschanzeige. Impulslöschung.
Höhenverstellung.
DM 125,—*

EL 1901
Cutterbox
Mit Schneide-Vorrichtung sowie
Sortiment von Vor- und Nach-
spann- Schalt- und Klebeband.
DM 13.50*

NG 1216
Universal-Netzvorschaltgerät
für Cassetten-Recorder 3302
oder Kofferradio mit einer Batteriespannung von 7.5 oder 9 Volt.
Zum Betrieb am Lichtnetz 220 Volt.
(mit Ein/Aus-Schalter)
DM 45.—*

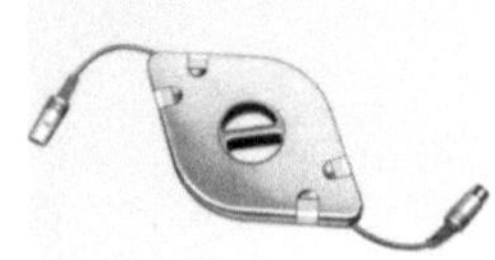

NG 1206
Verlängerungsleitung
6 m, mit Kabelhaspel
Verwendbar für alle Mono- und
Stereo-Mikrofone mit 200
und 500 Ohm Impedanz
Mit 5-poligem Normstecker und
5-poliger Normbuchse
DM 23.—*

NG 1205
Mikrofonstativ
verwendbar für alle Mikrofone
mit Stativgewinde $^3/_8$"
DM 40.—*

EL 3984/15
Fußschalter
für 4305. RK 37 S. RK 57 S
RK 65 S. RK 65 2
DM 28.—*

NG 1203/01
Telefonadapter
galvanisch.
Zum Aufzeichnen von Telefon-
gesprächen. Für alle Geräte.
DM 28.—*

NG 1223/03
Mono-Kopfhörer
für 3302. 4305. RK 37 S
RK 65 S. RK 65/2
DM 29.—*

NG 1226
Verbindungskabel
mit zwei 3-poligen Normsteckern
(mit Überspielwiderstand)
DM 7.20*

NG 1227
Verbindungskabel
für ältere Rundfunkgeräte
Mit einem 3-poligen Normstecker,
Bananensteckern und Flachstecker
DM 7.20*

NG 1230
Verbindungskabel
für Stereo-Anschluß mit einem
5-poligen und zwei 3-poligen
Normsteckern
DM 10.20*

NG 1231
Verbindungskabel
für Stereo-Anschluß mit zwei
5-poligen Normsteckern (mit
Überspielwiderständen)
DM 10.20*

Tonbandgerät RK 37 S	Tonbandgerät RK 65 S	Tonbandgerät RK 65/2	Tonbandgerät RK 57 S	Tonbandgerät 4408
60–10.000 Hz (2) 60–15.000 Hz (3)	60– 4.500 Hz (1) 60–10.000 Hz (2) 60–15.000 Hz (3) 40–18.000 Hz (4)	60– 4.500 Hz (1) 60–10.000 Hz (2) 60–15.000 Hz (3) 40–18.000 Hz (4)	60–10.000 Hz (2) 60–15.000 Hz (3) 40–18.000 Hz (4)	60– 8.000 Hz (2) 40–15.000 Hz (3) 40–18.000 Hz (4)
– 15	4 6	4 6	3 9	– 22
× ×	× –	× –	× ×	× ×
× × mit Radio	× × mit Zusatzver- stärker und Radio	× × mit Zusatzver- stärker und Radio	× ×	× ×
≤ ± 0,3 %	≤ ± 0,25 %	≤ ± 0,3 %	≤ ± 0,25 %	≤ ± 0.2 %
≥ 45 dB	≥ 45 dB	≥ 45 dB	≥ 45 dB	≥ 50 dB
2.5 W	4 W	6 W	2 × 3 W	2 × 6 W
×	×	×	1 × im Gehäuse 1 × im Deckel	2 × im Deckel
0.25 mV/2 k Ω 2.5 mV/20 k Ω 70 mV/680 k Ω	0.25 mV/2 k Ω 2 mV/20 k Ω 100 mV/500 k Ω	0.25 mV/2 k Ω 2 mV/20 k Ω 100 mV/500 k Ω	0.25 mV/2 k Ω 2 mV/20 k Ω 200 mV/500 k Ω	0.25 mV/2 k Ω 2 mV/20 k Ω 100 mV/500 k Ω
1 V/20 k Ω 5–8 Ω	1 V/50 k Ω 5–8 Ω	1 V/30 k Ω 5–8 Ω	1 V/50 k Ω 5–8 Ω	1 V/50 k Ω 5–8 Ω
1500 Ω	1500 Ω	1500 Ω	1500 Ω	1500 Ω
EL 3984/15	EL 3984/15	EL 3984/15	EL 3984/15	–
110/127/220/245 V 50 Hz	110/127/220/245 V 50 Hz	110/127/220/245 V 50 Hz	110/127/220/245 V 50 Hz	110/127/220/245 V 50 Hz
45 W	50 W	60 W	65 W	60 W
Kunststoff	Edelholz/ Kunststoff	Holz / Kunstleder kaschiert	Edelholz/ Kunststoff	Holz / Kunstleder kaschiert
395 × 285 × 135 mm	430 × 335 × 165 mm	430 × 335 × 165 mm	440 × 350 × 215 mm	480 × 330 × 250 mm
7 kg	10 kg	10 kg	10 kg	13 kg

Philips High Fidelity-Low Noise Tonbänder

Type	Bandart	Spulengröße	Bandlänge	Spieldauer**
LP 13	Langspielbd.	13 cm	270 m	45 Min.
LP 15	"	15 cm	360 m	60 Min.
LP 18	"	18 cm	540.m	90 Min.
DP 13	Doppelspielbd.	13 cm	360 m	60 Min.
DP 15	"	15 cm	540 m	90 Min.
DP 18	"	18 cm	730 m	120 Min.

** bei 9,5 cm/s Bandgeschwindigkeit für einen Durchlauf

Archiv-Boxen und Leerspulen

6er Einheit Archiv-Boxen für 13-cm-Spulen
6er Einheit   "   " 15-cm-Spulen
6er Einheit   "   " 18-cm-Spulen

6er Einheit Leerspulen   13 cm
6er Einheit   "   15 cm
6er Einheit   "   18 cm

Cutterbox

EL 1901 Cutterbox mit Schneidevorrichtung sowie Sortiment von Vor-
und Nachspannband, Schalt- und Klebeband

Philips Compact-Cassetten

Type

C-60   Compact-Cassette (Aufnahme-Cassette) für 60 Min. Spieldauer
C-90   Compact-Cassette (Aufnahme-Cassette) für 90 Min. Spieldauer

Archivboxen

NG 1210   6er Einheit Archivboxen
            für Compact-Cassetten

Liefermöglichkeit und technische Änderungen vorbehalten
* Ungebundener Preis

- Abspielgerät für bespielte Compact-Cassetten
- Stromversorgung über die 6- bzw. 12-V-Wagenbatterie
- Anschluß an jedes Autoradio
- Abmessungen 145 x 130 x 45 mm

Die Musicbox im Auto

Philips Auto-Cassetten-Spieler 2600
So werden selbst lange Autofahrten zum Vergnügen — mit dem Philips Cassetten-Spieler 2600. Schon die Bedienung wird Ihnen Spaß machen: Einfach die *Musicassette* einschieben, und schon erklingen flotte Rhythmen oder muntere Klänge aus Ihrem Autoradio. Ganz nach Ihrem eigenen Programm. Kein Wasserstandsbericht kann Sie mehr langweilen — mit dem Philips Cassetten-Spieler im Auto.

- Auto-Einbaueinheit für Cassetten-Recorder 3302
- Betrieb über die 6- bzw. 12-Volt-Anlage Ihres Wagens
- Anschluß an jedes Autoradio
- Abmessungen 230 x 230 x 90 mm

Ihr Cassetten-Recorder auch im Auto stets „bei der Hand"

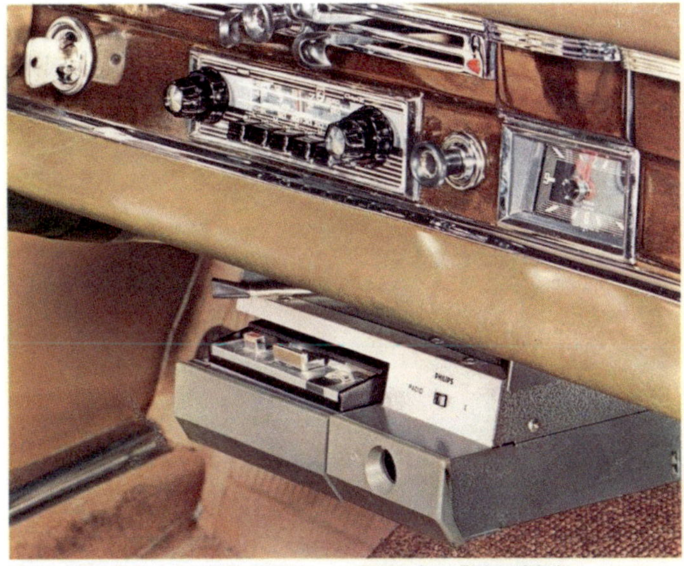

Philips Auto-Einbaueinheit EL 3794 B
Wenn die Radiomusik Sie bei Nachtfahrten im Stich läßt, wenn Oberleitungen oder Senderschwund den Hörgenuß trüben, oder wenn Sie einen Gedankenblitz festhalten wollen — stets ist er „da" — Ihr Cassetten-Recorder. In der

Philips Auto-Einbaueinheit Passend für die meisten Wagen. — Wieviel Zeit verbringt man heute im Auto. Grund genug, sich diese Stunden zu verschönern. — Dafür schuf Philips diese Auto-Einbaueinheit für Ihren Cassetten-Recorder 3302.

Philips cassetterecorders

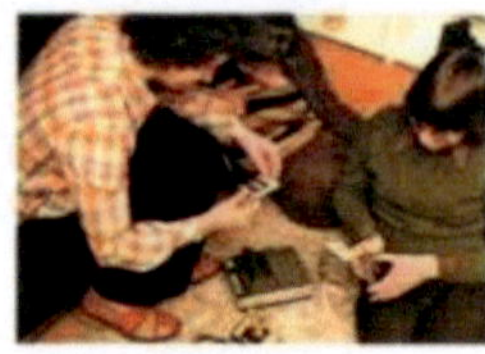

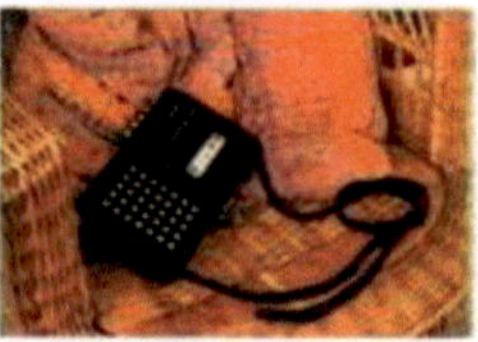

EL 3302 P Cassetterecorder.
Opname en weergave. Batterij/
opnamesterkte-indicator. Zeer
eenvoudige bediening. Elektronische motorregeling. Frequentiebereik 80–10.000 Hz. Uitgangsvermogen 500 mW ± 1 dB.
Aansluitingen voor netvoedingsapparaat, hoofdtelefoon, microfoon, afstandsbediening, grammofoon, radio, versterker en
extra luidspreker. Compleet met
gevoelige reporter-microfoon
met afstandsbediening, paraattas
met draagriem, verbindingskabel
en cassette. Afm.: 20 x 11,5 x
5,5 cm.

N 2203 Cassetterecorder voor
lichtnet- en batterijvoeding.
Opname en weergave. Batterij/
opnamesterkte-indicator. Elektronische motorregeling. Zeer
eenvoudige bediening, mede
door automatische opname-
sterkteregeling en opwippende
cassettehouder. Frequentiebereik: 80–10.000 Hz. Uitgangsvermogen: 500 mW ± 1 dB.
Aansluitingen voor hoofd-
telefoon, microfoon, afstandsbediening, grammofoon, radio,
versterker en extra luidspreker.
Compleet met gevoelige
reportermicrofoon met afstandsbediening, paraattas met draagriem, verbindingskabel, cassette
en netsteker. Afm.: 20 x 11,5 x
5,5 cm.

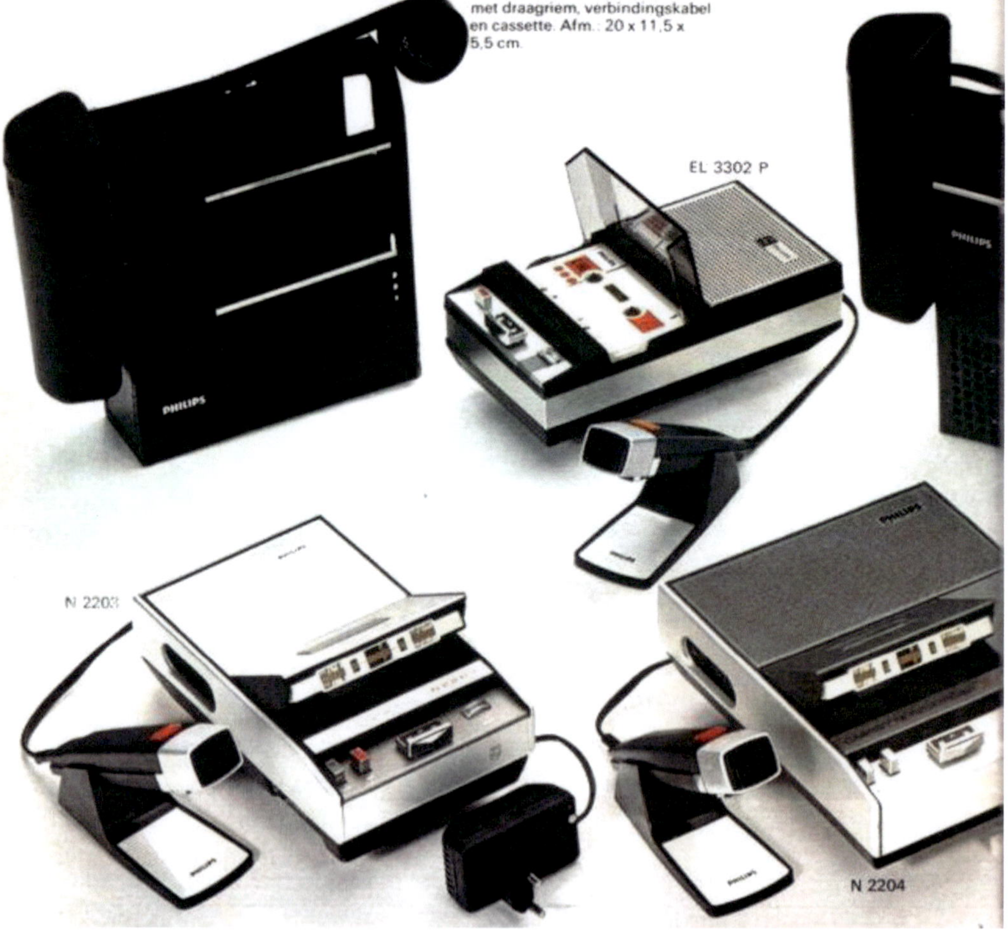

N 2204 Cassetterecorder voor net- en batterijvoeding. Opnemen en weergeven. Eenvoudige bediening. Opwippende cassettehouder. Automatische opnamesterkteregeling. Frequentiebereik 60–10.000 Hz. Elektronische motorregeling. Uitgangsvermogen 750 mW ± 1 dB. Aansluitingen voor hoofdtelefoon, afstandsbediening, microfoon, grammofoon, versterker, radio en extra luidspreker. Compleet met gevoelige reportermicrofoon met afstandsbediening, paraattas met draagriem, verbindingskabel en cassette. Afm.: 5,8 x 17,1 x 21,5 cm

N 2209 Cassetterecorder voor net- en batterijvoeding. Met ingebouwde synchronisatiekop. Opnemen en weergeven. Eenvoudige bediening. Opwippende cassettehouder. Automatische opnamesterkteregeling. Frequentiebereik 60–10.000 Hz. Uitgangsvermogen 750 mW ±

1 dB. Elektronische motorregeling. Snelle bandstop bij afstandsbediening. Kan worden aangesloten op diaprojectors met ingebouwd stuurapparaat of met behulp van Philips stuurapparaat LFD 3442. Aansluitingen voor hoofdtelefoon, afstandsbediening, microfoon, grammofoon, versterker, radio en extra luidspreker. Compleet met gevoelige reportermicrofoon met afstandsbediening, paraattas met draagriem, verbindingskabel en cassette. Afm.: 5,8 x 17,1 x 21,5 cm.

LFD 3442 Dia-stuurapparaat, voor aansluiting op de cassetterecorder N 2209. Ideaal voor het synchroniseren van beeld en geluid. Toe te passen op vrijwel alle automatische diaprojectors.

N 2211 Cassetterecorder voor lichtnet- en batterijvoeding. Opname en weergave. Batterij/opnamesterkte-indicator. Ingebouwde, gevoelige electret condensatormicrofoon. Automatische opnamesterkteregeling.

Schuifpotentiometer voor volumeregeling. Handige druktoetsbediening. Uitklappende cassettehouder. Elektronische motorregeling. Frequentiebereik: 80–10.000 Hz. Uitgangsvermogen: 500 mW. Aansluitingen voor netvoedingsapparaat (standaard geleverd), hoofdtelefoon, externe microfoon, afstandsbediening, grammofoon, versterker, radio en extra luidspreker. Compleet met draagriem, verbindingskabel en cassette. Afm. 13,6 x 21,5 x 5,7 cm

N 2000 Cassettespeler voor weergave van stereo/mono-Musicassettes en zelfopgenomen compactcassettes. Handige éénknopsbediening voor spelen, snel op- en terugspoelen en stoppen. Batterijvoeding. Aansluiting voor een netvoedingsapparaat (N 6502). Uitgangsvermogen: ca. 625 mW. Afm.: 27 x 15 x 6 cm.

Philips draagbare cassetterecorders

Cassetterecorder voor net- en batterijvoeding N 2209
- Met ingebouwde synchronisatiekop.
- Eenvoudige bediening. Opwippende cassettehouder. Automatische opnamesterkteregeling.
- Frequentiebereik 80-10.000 Hz. Uitgangsvermogen 750 mW ± 1 dB.
- Elektronische motorregeling. Snelle bandstop bij afstandsbediening.
- Kan worden aangesloten op diaprojectors met ingebouwd stuurapparaat of met behulp van Philips stuurapparaat N 6401.
- Aansluitingen voor hoofdtelefoon, afstandsbediening, microfoon, grammofoon, versterker, radio en extra luidspreker.
- Compleet met gevoelige reportermicrofoon met afstandsbediening, paraattas met draagriem, verbindingskabel en cassette C 60.
- Afm. 5,8 x 17,1 x 21,5 cm.

Cassetterecorder voor net- en batterijvoeding N 2221
- Eenvoudige bediening d.m.v. druktoetsen. Opwippende cassettehouder. Automatische opnamesterkteregeling. Elektronische motorregeling. Schuifregelaar voor volume.
- Frequentiebereik 80-10.000 Hz. Uitgangsvermogen 1 W.
- Aansluitingen voor hoofdtelefoon, afstandsbediening, microfoon, grammofoon, versterker, radio en extra luidspreker. Compleet met gevoelige reporter-microfoon met afstandsbediening, verbindingskabel en cassette. Afmetingen 25 x 20 x 7 cm.

Cassetterecorder EL 3302 P
- Batterij/opnamesterkte-indicator. Zeer eenvoudige bediening.
- Elektronische motorregeling. Frequentiebereik 80-10.000 Hz. Uitgangsvermogen 500 mV ± 1 dB.
- Aansluitingen voor netvoedingsapparaat, hoofdtelefoon, microfoon, afstandsbediening, grammofoon, radio, versterker en extra luidspreker.
- Compleet met gevoelige reporter-microfoon met afstandsbediening, paraattas met draagriem, verbindingskabel en cassette C 60.
- Afm. 20 x 11,5 x 5,5 cm.

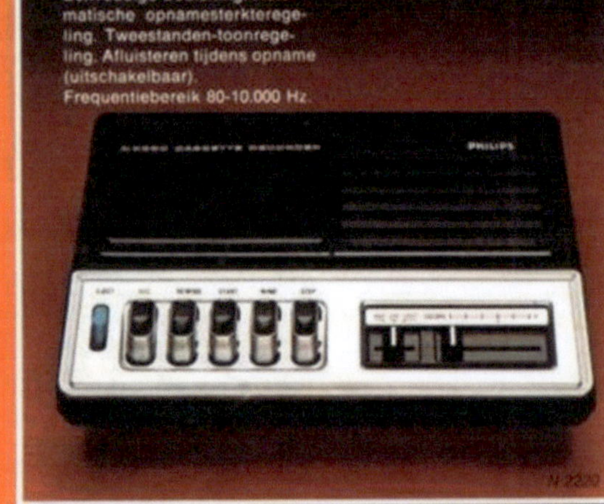

Cassetterecorder voor net- en batterijvoeding N 2220
Eenvoudige bediening. Automatische opnamesterkteregeling. Tweestanden-toonregeling. Afluisteren tijdens opname (uitschakelbaar). Frequentiebereik 80-10.000 Hz.

N 2220

EL 3302 P

N 2221

Cassetterecorder voor net- en batterijvoeding N 2205
Programma- en modulatie-indicator. Toonregeling. Automatische motorstop met signaaltoon. Frequentiebereik 60-10.000 Hz. Uitgangsvermogen 1,25 W ± 1 dB. Elektronische motorregeling. Aansluitingen voor hoofdtelefoon, afstandsbediening, microfoon, grammofoon, versterker, radio en extra luidspreker. Met microfoon, kabel en cassette. Afm.: 25,5 x 19 x 6,5 cm.

Dia-Vertonung

Tatsächlich kein Problem: Der Bildwechsel Ihrer Dia-Schau wird mit Hilfe des Dia-Steuergerätes N 6401 (s. S. 83) synchron zum Ton gesteuert. Bei der Vorführung Ihrer Dia-Schau können Sie alle Technik vergessen. Alles läuft automatisch. Musik … das erste Dia erscheint, die Musik wird leiser, und der gesprochene Kommentar erklingt genau in der richtigen Lautstärke.

Synchrone Filmvertonung:

Der Cassetten-Recorder zeichnet nicht nur den Ton auf, sondern über seinen Impulskopf gleichzeitig Steuerimpulse, die direkt von der Kamera kommen bzw. von einem separaten mit der Kamera verbundenen Pilottonteil. Start und Stop des Cassetten-Recorders und damit Anfang und Ende der Aufzeichnung von Ton und Impulsen erfolgen mit dem Auslöser der Filmkamera.

Cassetten-Recorder
N 2209 AV automatic

Seit Jahren ist dieses Gerät bekannt und beliebt bei Foto- und Filmfreunden. Seine Zuverlässigkeit und leichte Bedienbarkeit werden besonders geschätzt.

Cassetten-Recorder N 2209 AV automatic · Netz- und Batteriebetrieb
Impulskopf für synchrone Dia- und Filmvertonung

Aufnahme:	Wiedergabe:	Aussteuerung:	Spieldauer:	Lieferumfang:
mit Mikrofon, von Rundfunkgerät, Plattenspieler oder anderem Tonbandgerät	über eingebauten Lautsprecher, Zusatzlautsprecher, Kopfhörer, Rundfunkgerät	automatisch	2 x 30, 45 oder 60 Min. – je nach Cassettentyp	Netzkabel, Überspielkabel, Mikrofon mit Fernbedienung (Start/Stop), Tragetasche, Compact-Cassette C-60

- Klangregler
- Eingebautes Netzteil
- Anschluß für Dia-Steuergerät N 6401
- Elektronisch geregelter Motor
- Löschsperre für MusiCassetten
- Anschluß für Fernbedienung Start/Stop
- Anschluß für Überblendadapter N 6728
- Durch Tastendruck aufspringendes Cassettenfach
- Batterie-Anzeige, Aussteuerungsanzeige

Cassetten-Recorder
N 2229 AV automatic

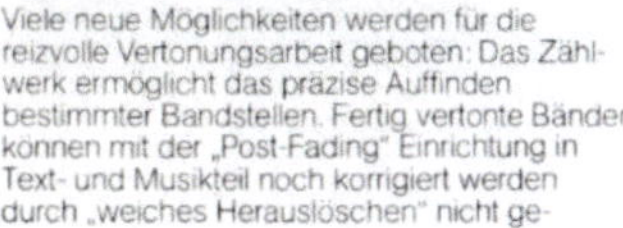

Viele neue Möglichkeiten werden für die reizvolle Vertonungsarbeit geboten: Das Zählwerk ermöglicht das präzise Auffinden bestimmter Bandstellen. Fertig vertonte Bänder können mit der „Post-Fading" Einrichtung in Text- und Musikteil noch korrigiert werden durch „weiches Herauslöschen" nicht gewünschter Passagen und partielles Neubespielen. So funktioniert die „Überblend-Automatik": Bei der Aufnahme wird automatisch die Musik-Aufzeichnung in der Lautstärke zurückgenommen, solange in das eingebaute Mikrofon gesprochen wird.

Cassetten-Recorder N 2229 AV automatic · Netz- und Batteriebetrieb
Impulskopf für synchrone Dia- und Filmvertonung

Aufnahme:	Wiedergabe:	Aussteuerung:	Spieldauer:	Lieferumfang:
Electret-Mikrofon, od. separatem Mikrofon von Rundfunkgerät, Plattenspieler oder anderem Tonbandgerät	über eingebauten Lautsprecher, Zusatzlautsprecher, Kopfhörer, Rundfunkgerät	automatisch oder manuell mit Regler und VU-Meter	2 x 30, 45 oder 60 Min. – je nach Cassettentyp	Netzkabel, Überspielkabel und Compact-Cassette C-60

Technische Daten s. S. 90/91

- Klangschalter
- Eingebautes Netzteil
- Anschluß für Dia-Steuergerät N 6401
- Umschaltung Chromdioxid-/Eisenoxid automatisch mit optischer Anzeige
- Zählwerk
- Pausentaste
- Leuchtdioden-Anzeige bei Electret-Mikrofon-Betrieb
- Bandendabschaltung mit Motorstop und Leuchtdioden-Anzeige
- „Post-Fading"-Einrichtung
- Mithörmöglichkeit bei Aufnahme
- Elektronisch geregelter Motor
- Löschsperre für MusiCassetten
- Anschluß für Fernbedienung Start/Stop
- Durch Tastendruck aufspringendes Cassettenfach
- Batterie-Anzeige, Aussteuerungsanzeige
- Überblend-Automatik
- Long-Life-Köpfe

Cassetterecorder voor net- en batterijvoeding N 2218

► Met ingebouwde electret-microfoon voor een zeer groot frequentiebereik.
– Eenvoudige bediening d.m.v. druktoetsen. Opwippende cassette-houder.
► Automatische opnamesterkte-regeling. Elektronische motor-regeling. Schuifregelaar voor volume.
– Frequentiebereik 80-10.000 Hz. Uitgangsvermogen 1 W.
– Aansluitingen voor microfoon, grammofoon, versterker, radio en extra luidspreker.
– Afm. 250 x 200 x 70 mm.
– Compleet met cassette C 60 en verbindingskabel.

Cassetterecorder voor net- en batterijvoeding N 2217

► Ingebouwde, gevoelige electret-microfoon met groot frequentie-bereik.
► Automatische opnamesterkte-regeling.
► Pauzetoets.
► Head-cleaning indicator.
– Automatische bandstop met ontkoppeling van de aandrijffuncties.
– Batterij-controle met LED-indicatie.
► Bandloopindicator.
– Automatische uitschakeling van de microfoon bij aansluiting van een andere opnamebron.
– Monitoring via hoofdtelefoon.
– Frequentiebereik 80-10.000 Hz.
– Uitgangsvermogen 750 mW.
– Aansluitingen voor radio, grammo-foon, tweede recorder, afstands-bediening, hoofdtelefoon, extra luid-spreker en externe microfoon.
– Afmetingen 220 x 200 x 70 mm.
– Compleet met schouderriem, verbindingskabel en cassette C 60.

Cassetterecorder voor net- en batterijvoeding N 2209

► Met ingebouwde synchronisatie-kop.
► Eenvoudige bediening. Opwippende cassettehouder. Automatische opnamesterkteregeling.
– Frequentiebereik 60-10.000 Hz. Uitgangsvermogen 750 mW ± 1 dB.
– Elektronische motorregeling.
– Kan worden aangesloten op dia-projectors met ingebouwd stuur-apparaat of met behulp van het stuurapparaat N 6401.
– Aansluitingen voor hoofdtelefoon, afstandsbediening, microfoon, grammofoon, versterker, radio en extra luidspreker.
– Afm. 58 x 171 x 215 mm.
– Met microfoon met afstands-bediening, kabel en cassette C 60.

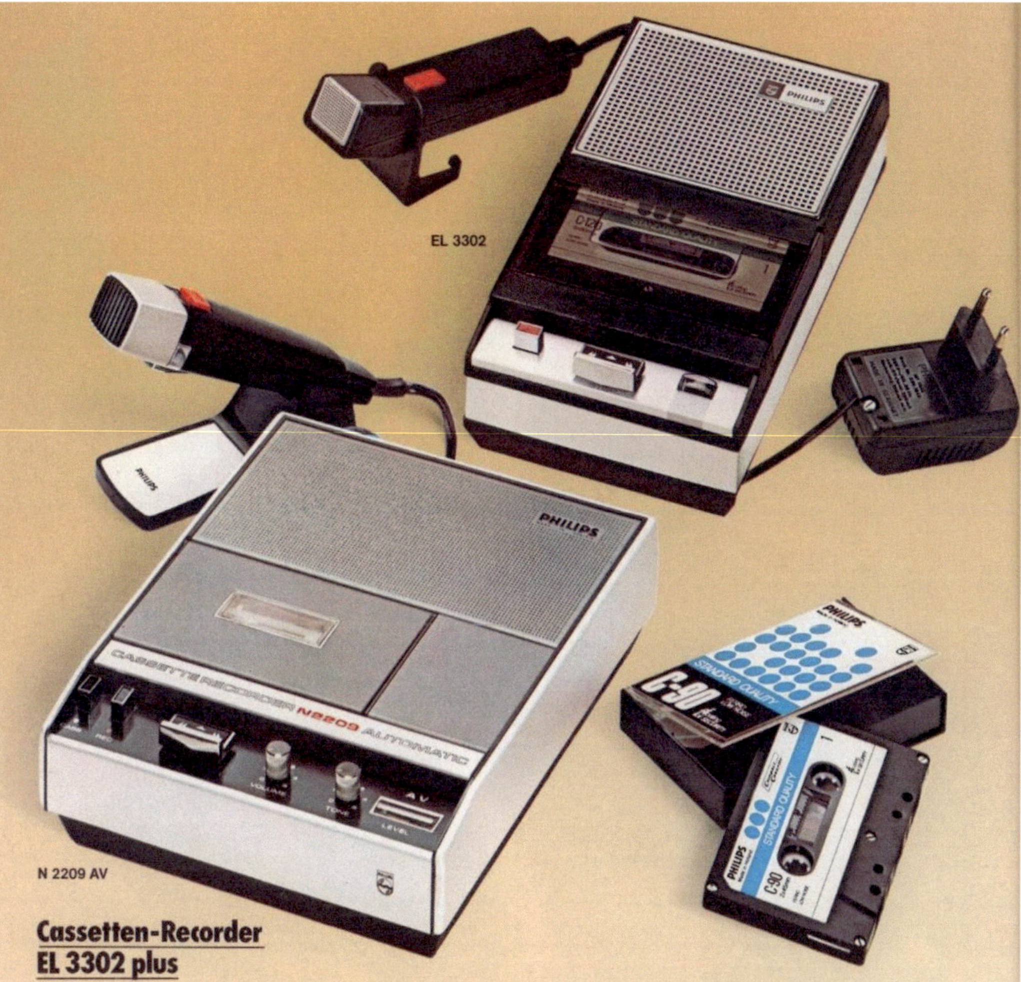

Cassetten-Recorder
EL 3302 plus

Ein Welterfolg! Viele Millionen wurden von diesem Gerätekonzept bereits verkauft – ein deutliches Zeichen für seine Beliebtheit und Zuverlässigkeit. Der ideale Recorder für drinnen und draußen; bequem, handlich, betriebssicher.
Lieferumfang: Mikrofon mit Fernbedienung (Start/Stop), Tragetasche, Überspielkabel, Netzkabel (Spezial-Netzteil im Stecker) und Compact-Cassette C-60.

Cassetten-Recorder EL 3302 plus · Netz- und Batteriebetrieb

Aufnahme:	Wiedergabe:	Aussteuerung:	Spieldauer:
mit Mikrofon, von Rundfunkgerät, Plattenspieler oder anderem Tonbandgerät	über eingebauten Lautsprecher, Zusatzlautsprecher, Kopfhörer, Rundfunkgerät	mit Regler und Zeigerinstrument	2 x 30, 45 oder 60 Min. – je nach Cassettentyp

Compact-Cassetten siehe Seite 58
Technische Daten siehe Seite 86

- Elektronisch geregelter Motor
- Löschsperre für MusiCassetten
- Anschluß für Fernbedienung Start/Stop
- Batterieanzeige, Aussteuerungsanzeige

Cassetten-Recorder N 2209 AV automatic

Dia-Vertonung

Tatsächlich kein Problem: Der Bildwechsel Ihrer Dia-Schau wird mit Hilfe des Dia-Steuergerätes N 6401 (s. S. 61) synchron zum Ton gesteuert. Bei der Vorführung Ihrer Dia-Schau können Sie alle Technik vergessen. Alles läuft automatisch: Musik . . . das erste Dia erscheint, die Musik wird leiser, und der gesprochene Kommentar erklingt genau in der richtigen Lautstärke.

Synchrone Filmvertonung:

Der Cassettenrecorder zeichnet nicht nur den Ton auf, sondern über seinen Impulskopf gleichzeitig Steuerimpulse, die direkt von der Kamera kommen bzw. von einem separaten mit der Kamera verbundenen Pilotonteil. Start und Stop des Cassetten-Recorders und damit Anfang und Ende der Aufzeichnung von Ton und Impulsen erfolgen mit dem Auslöser der Filmkamera.
Lieferumfang: Netzanschlußkabel, Mikrofon mit Fernbedienung (Start/Stop), Tragetasche, Überspielkabel und Compact-Cassette C-60.

Cassetten-Recorder N 2209 AV automatic · Netz- und Batteriebetrieb · Impulskopf für synchrone Dia- und Filmvertonung

Aufnahme:	Wiedergabe:	Aussteuerung:	Spieldauer:
mit Mikrofon, von Rundfunkgerät, Plattenspieler oder anderem Tonbandgerät	über eingebauten Lautsprecher, Zusatzlautsprecher, Kopfhörer, Rundfunkgerät	automatisch	2 x 30, 45 oder 60 Min. – je nach Cassettentyp

- Klangregler
- Eingebautes Netzteil
- Anschluß für Dia-Steuergerät N 6401
- Elektronisch geregelter Motor
- Löschsperre für MusiCassetten
- Anschluß für Fernbedienung Start/Stop
- Anschluß für Überblendadapter N 6728
- Durch Tastendruck aufspringendes Cassettenfach
- Batterie-Anzeige, Aussteuerungsanzeige

EL 3302 P Cassetterecorder.
Opname en weergave. Batterij/
opnamesterkte-indicator. Zeer
eenvoudige bediening. Elektronische motorregeling. Frequentiebereik 80–10.000 Hz. Uitgangsvermogen 500 mW ± 1 dB.
Aansluitingen voor netvoedingsapparaat, hoofdtelefoon, microfoon, afstandsbediening, grammofoon, radio, versterker en
extra luidspreker. Compleet met
gevoelige reporter-microfoon
met afstandsbediening, paraattas
met draagriem, verbindingskabel
en cassette. Afm.: 20 x 11,5 x
5,5 cm

N 2203 Cassetterecorder voor
lichtnet- en batterijvoeding.
Opname en weergave. Batterij/
opnamesterkte-indicator. Elektronische motorregeling. Zeer
eenvoudige bediening, mede
door automatische opname-
sterkteregeling en opwippende
cassettehouder. Frequentiebereik: 80–10.000 Hz. Uitgangsvermogen: 500 mW ± 1 dB.
Aansluitingen voor hoofd-
telefoon, microfoon, afstandsbediening, grammofoon, radio,
versterker en extra luidspreker.
Compleet met gevoelige
reportermicrofoon met afstandsbediening, paraattas met draagriem, verbindingskabel, cassette
en netsteker. Afm.: 20 x 11,5 x
5,5 cm.

N 2209 Cassetterecorder voor
net- en batterijvoeding. Met ingebouwde synchronisatiekop.
Opnemen en weergeven. Eenvoudige bediening. Opwippende
cassettehouder. Automatische
opnamesterkteregeling.
Frequentiebereik 60–10.000 Hz.
Uitgangsvermogen 750 mW ±
1 dB. Elektronische motorregeling. Snelle bandstop bij
afstandsbediening. Kan worden
aangesloten op diaprojectors
met ingebouwd stuurapparaat of
met behulp van Philips stuurapparaat N 6401. Aan-
sluitingen voor hoofdtelefoon,
afstandsbediening, microfoon,
grammofoon, versterker, radio en
extra luidspreker. Compleet met
gevoelige reportermicrofoon met
afstandsbediening, paraattas met
draagriem, verbindingskabel en
cassette. Afm.: 5,8 x 17,1 x
21,5 cm.

N 6401 Dia-stuurapparaat,
voor aansluiting op de cassetterecorder N 2209. Ideaal voor het
synchroniseren van beeld en
geluid. Toe te passen op vrijwel
alle automatische diaprojectors.

N 2221 Cassetterecorder
voor het net- en batterijvoeding.
Opnemen en weergeven.
Eenvoudige bediening d.m.v.
druktoetsen. Opwippende
cassettehouder. Automatische
opnamesterkteregeling.
Elektronische motorregeling.
Schuifregelaar voor volume.
Frequentiebereik 80–10.000 Hz.
Uitgangsvermogen 1 W.
Aansluitingen voor hoofd-
telefoon, afstandsbediening,
microfoon, grammofoon
versterker, radio en extra
luidspreker. Compleet met
gevoelige reporter microfoon
met afstandsbediening,
verbindingskabel en cassette.
Afmetingen 25 x 20 x 7 cm.

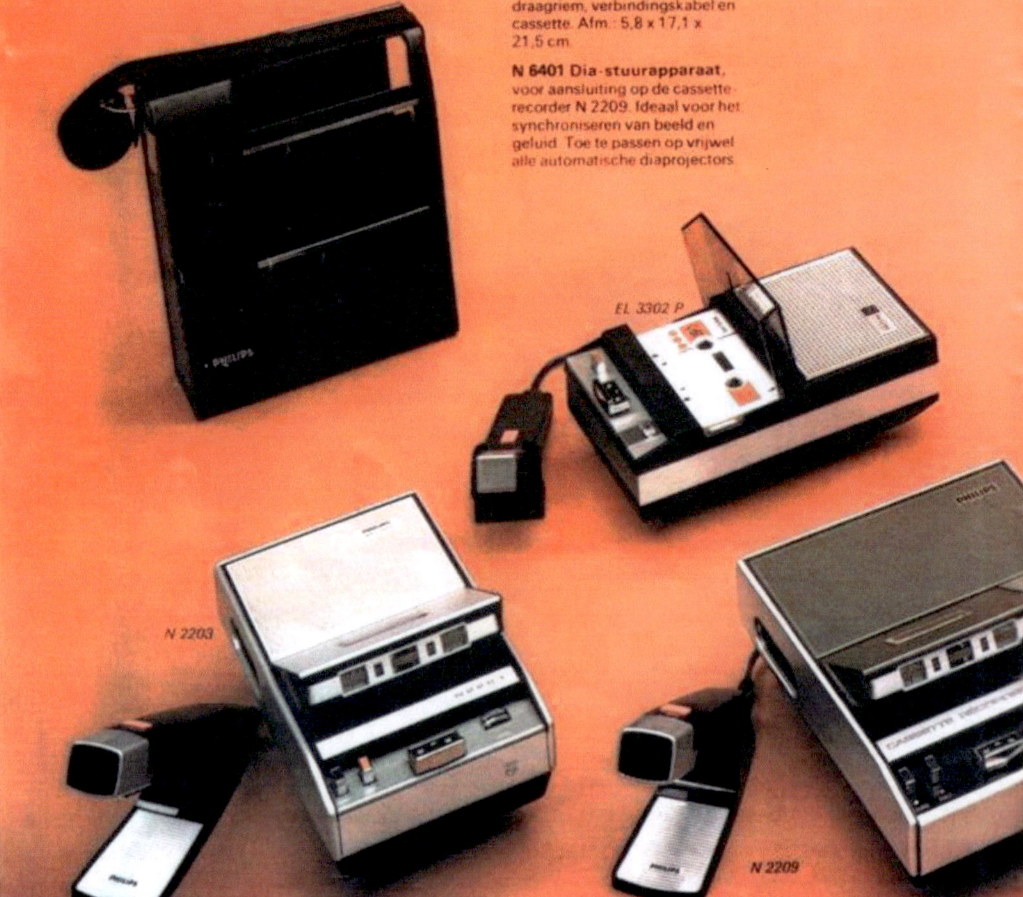

PHILIPS DRAAGBARE CASSETTERECORDERS

N 2220 Cassetterecorder voor net- en batterijvoeding. Opnemen en weergeven. Eenvoudige bediening. Automatische opname-sterkteregeling. Twee standen toonregeling. Afluisteren tijdens opname (uitschakelbaar). Frequentiebereik 80–10 000 Hz. Uitgangsvermogen 1 W ± 1 dB. Elektronische motorregeling. Aansluitingen voor hoofdtelefoon, afstandsbediening, microfoon, grammofoon, versterker, radio en extra luidspreker. Compleet met gevoelige microfoon met afstandsbediening, verbindingskabel en cassette. Afmetingen: 27 x 21 x 7,5 cm.

N 2000 Cassettespeler voor weergave van stereo/mono-Musicassettes en zelfopgenomen compactcassettes. Handige éénknopsbediening voor spelen, snel op- en terugspoelen en stoppen. Batterijvoeding. Aansluiting voor een netvoedingsapparaat (N 6502). Uitgangsvermogen ca. 625 mW. Afm. 27 x 15 x 6 cm.

PHILIPS

N 2208. Batterij- en netvoeding. Ingebouwde electretmicrofoon. Automatische opnameregeling. Elektronisch geregelde motor. Schuifregelaar voor geluidssterkte. Druktoetsen voor recorderbediening. Uitklappende cassettehouder. Beveiliging tegen ongewenst wissen. Schouderriem. Muziekvermogen 1.6 watt. Aansluitingen voor microfoon, radio, versterker, grammofoon en tweede recorder. 160 × 240 × 60 mm. Kleur monsanto-bruin.

N 2209. Batterij- en netvoeding. Automatische opnameregeling. Elektronisch geregelde motor. Ingebouwde synchronisatiekop; kan worden aangesloten op diaprojectors met ingebouwd stuurapparaat of met behulp van Philips stuurapparaat N 6401 (zie pag. 42). Eenvoudige bediening. Opwippende cassettehouder. Hoog uitgangsvermogen van 600 mW continu, 750 mW piek. Compleet met microfoon met afstandsbediening, kabel en cassette C 60. Aansluitingen voor hoofdtelefoon, afstandsbediening, microfoon, grammofoon, versterker, radio en extra luidspreker. 58 × 171 × 215 mm. Gewicht 1,62 kg.

N 2214. Batterij- en netvoeding. Automatische opnameregeling. Ingebouwde electretmicrofoon. Elektronisch geregelde motor. Druktoetsbediening. Long-Life koppen. Automatische bandstop met LED-indicatie. Tweestanden-regelaar voor hoge tonen. Pauzetoets. Mengmogelijkheid tussen ingebouwde microfoon en extra geluidsbron. Monitormogelijkheid. Bandloopindicator. Ook geschikt voor chroom-cassettes. Beveiliging tegen ongewenst wissen. Indicator voor bespeelde cassettes. Quick repeat. Muziekvermogen 1.6 watt. Doorzichtig cassette-compartiment. Inklappende draagbeugel. Aansluitingen voor microfoon, radio, versterker, grammofoon, tweede recorder. Compleet met kabel en cassette C 60. 60 × 190 × 260 mm. Gewicht 1.4 kg.

N 2206. Als N 2208, kleur jeans-blauw.

N 2207. Als N 2208, kleur groen.

N 2208.

recorders met Big Sound

Pure techniek van binnen. Stijl van buiten. De vormgeving, het bedieningsgemak én de klank van deze tijd. Soepele schuifregelaars voor haarfijn afstellen. Cassette-envelopsysteem met ingebouwde beveiliging. Druktoetsen voor bliksemsnelle reactie. Automatische opnamesterkteregeling. Ingebouwde electretmicrofoons. Kunnen overal mee naar toe: werken op batterijen en netspanning. En een output als een muur ... Big Sound. Alleen bij de cassetterecorders van Philips.

N 2222

N 2225

N 2218

N 2215

N 2219

N 2215. Batterij- en netvoeding. Ingebouwde electretmicrofoon. Automatische opnameregeling. Elektronisch geregelde motor. Gemakkelijke druktoetsbediening. Long-Life koppen. Automatische bandstop met LED-indicatie. Geschikt voor ferro- en chroomcassettes. Tweestanden-toonregelaar. Pauzetoets. Mengmogelijkheid microfoon + andere geluidsbron. Driecijferige teller met nulstelling. Monitormogelijkheid. Bandloopindicator. Wisbeveiliging. Indicatie voor bespeelde cassettes. Hoog uitgangsvermogen van 1500 mW continu. 3000 mW piek. Doorzichtige cassettehouder. Inklapbare draagbeugel. Aansluitingen voor microfoon, radio, versterker, grammofoon, tweede recorder en extra luidspreker. Compleet met verbindingskabel en cassette C 60. 70 × 260 × 200 mm. Gewicht 1,7 kg.

N 2217. Batterij- en netvoeding. Ingebouwde electretmicrofoon. Automatische opnameregeling. Elektronisch geregelde motor. Gemakkelijke druktoetsbediening. Automatische bandstop met ontkoppeling. Schuifregelaar voor volume. Pauzetoets. Batterijcontrole met LED. Monitormogelijkheid. Head cleaning indicator. Bandloopindicator. Automatische uitschakeling van de microfoon bij aansluiting van een andere opnamebron. Motorcontrole. Hoog uitgangsvermogen van 750 mW continu. 1500 mW piek. Doorzichtige cassettehouder. Aansluitingen voor radio, grammofoon, tweede recorder, afstandsbediening, hoofdtelefoon, extra luidspreker en microfoon. Compleet met draagriem, verbindingskabel en cassette C 60. 223 × 197 × 65 mm. Gewicht 1,5 kg.

N 2218. Batterij- en netvoeding. Ingebouwde electretmicrofoon. Automatische opnameregeling. Elektronisch geregelde motor. Gemakkelijke druktoetsbediening. Schuifregelaar voor volume. Hoog uitgangsvermogen van 900 mW continu. Doorzichtige cassettehouder. Aansluitingen voor extra luidspreker, microfoon, grammofoon, versterker, radio. Inklapbare draagbeugel. Compleet met verbindingskabel en cassette C 60. 70 × 200 × 250 mm. Gewicht 1,65 kg.

N 2219. Batterij- en netvoeding. Ingebouwde electretmicrofoon met LED-indicatie. Opnameniveauregeling automatisch of met de hand. Elektronisch geregelde motor. Gemakkelijke druktoetsbediening. Long-Life koppen. Automatische bandstop met LED-indicatie. Geschikt voor ferro- en chroom-cassettes met automatische overschakeling van de circuits en indicatie. Schuifregelaar voor volume/opname. Driestanden-tooncontrole. Pauzetoets. Mengmogelijkheid microfoon met een tweede geluidsbron. Driecijferige teller met nulstelling. Batterij-indicator. Opname-indicator. Driestanden-monitor-niveauregelaar. Postfading-mogelijkheid. Beveiliging tegen ongewenst wissen. Hoog uitgangsvermogen van 1500 mW continu. 3000 mW piek. Doorzichtige cassettehouder. Inklapbare draagbeugel. Aansluitingen voor microfoon, radio, versterker, grammofoon, tweede recorder, afstandsbediening, hoofdtelefoon en extra luidspreker. Compleet met verbindingskabel en cassette C 60. 76 × 250 × 275 mm. Gewicht 2,3 kg.

N 2222. Batterij- en netvoeding. Ingebouwde electretmicrofoon. Automatische opnameregeling. Elektronisch geregelde motor. Druktoetsbediening. Automatische stop aan het einde van de band met indicatie. Schuifregelaars voor volume en toonregeling. Tweestanden-monitormogelijkheid. Beveiliging tegen ongewenst wissen. Muziekvermogen 2 watt. Doorzichtige cassettehouder. Uitschuifbare draagbeugel. Aansluitingen voor hoofdtelefoon, afstandsbediening, microfoon, grammofoon, versterker, radio en extra luidspreker. Compleet met verbindingskabel en cassette C 60. 75 × 270 × 210 mm. 2 kg.

N 2225. Batterij- en netvoeding. Uitneembare electret-condensatormicrofoon. Schakelbare automatische opnameregeling. Elektronische motorregeling. Druktoetsbediening. Automatische stop aan het einde van de band met geluidssignaal en uitschakeling van motor en versterker. Schuifregelaars voor opnamesterkte/volume en toonregeling. Pauzetoets. Batterij-indicatie. Automatische uitschakeling van microfoon bij inschakeling van andere opnamebron. Driecijferige teller met nulstelling. Hoog uitgangsvermogen van 1000 mW piek (netvoeding). Inklapbare draagbeugel. Aansluitingen voor radio, grammofoon, tweede recorder, afstandsbediening, hoofdtelefoon, tweede luidspreker en tweede microfoon. 61 × 293 × 190 mm. Gewicht 2,5 kg. Compleet met microfoonhouder, verbindingskabel en cassette C 60.

Alte PHILIPS-Werbung aus den 1960'ern!

Uwe H. Sültz

Le cadeau le plus attendu de l'année !

Pour écouter ou enregistrer de la musique :
le Mini K7 et la Musicassette

Ne cherchez plus le cadeau dont rêvent les jeunes, celui qui les fera sauter de joie quand vous leur offrirez... c'est le Mini K7 !

Un Mini K7... que de joies en perspective ! Sa taille miniature, sa simplicité, sa musicalité ont fait du Mini K7 la vedette de la série Philips K7, gamme de magnétophones spéciaux pour jouer les musicassettes. Performances remarquables ! Mais dimensions réduites grâce aux récents pefectionnements de la miniaturisation électronique...

Place à la musique ! Glissez une musicassette dans un Mini K7, poussez une touche... ça y est !

Voulez-vous enregistrer ? Glissez une cassette vierge, poussez une touche... et voilà !

Partir Mini K7 en bandoulière... jouer les musicassettes, enregistrer, quand il plaît, où il plaît, c'est formidable.

Un cadeau aussi... la musicassette.

Un cadeau original ! Ce minuscule boîtier contient, enregistrée sur ruban magnétique, autant de musique qu'un 33 tours de 30 cm !

Un cadeau durable ! Le ruban magnétique inrayable, incassable, indéformable, donne après des mois la même reproduction fidèle !

Un cadeau "renouvelable" ! Les grandes vedettes enregistrent sur musicassettes pour Philips, Fontana, Mercury... et la plupart des grandes marques ! Des milliers de titres sont annoncés, une superbe collection à compléter petit à petit !

Documentation et démonstration sur demande à Philips, 48, av. Montaigne, Paris 8e et chez tous les revendeurs spécialisés Magnétophones Philips.

PHILIPS 

MONO K7 - EL 3310 appareil secteur avec grand haut-parleur et réglage automatique du niveau d'enregistrement.

MAGI K7 - EL 3303 appareil fonctionnant sur piles, grand haut-parleur, prise pour haut-parleur supplémentaire et contrôle de tonalité.

AUTO K7 - EL 3305 se branche sur l'autoradio pour l'écoute en voiture des musicassettes.

UNI K7 - EL 3794 berceau spécial pour l'utilisation complète en voiture du Mini K7, se raccorde à l'autoradio.

ELVINGER 18.338

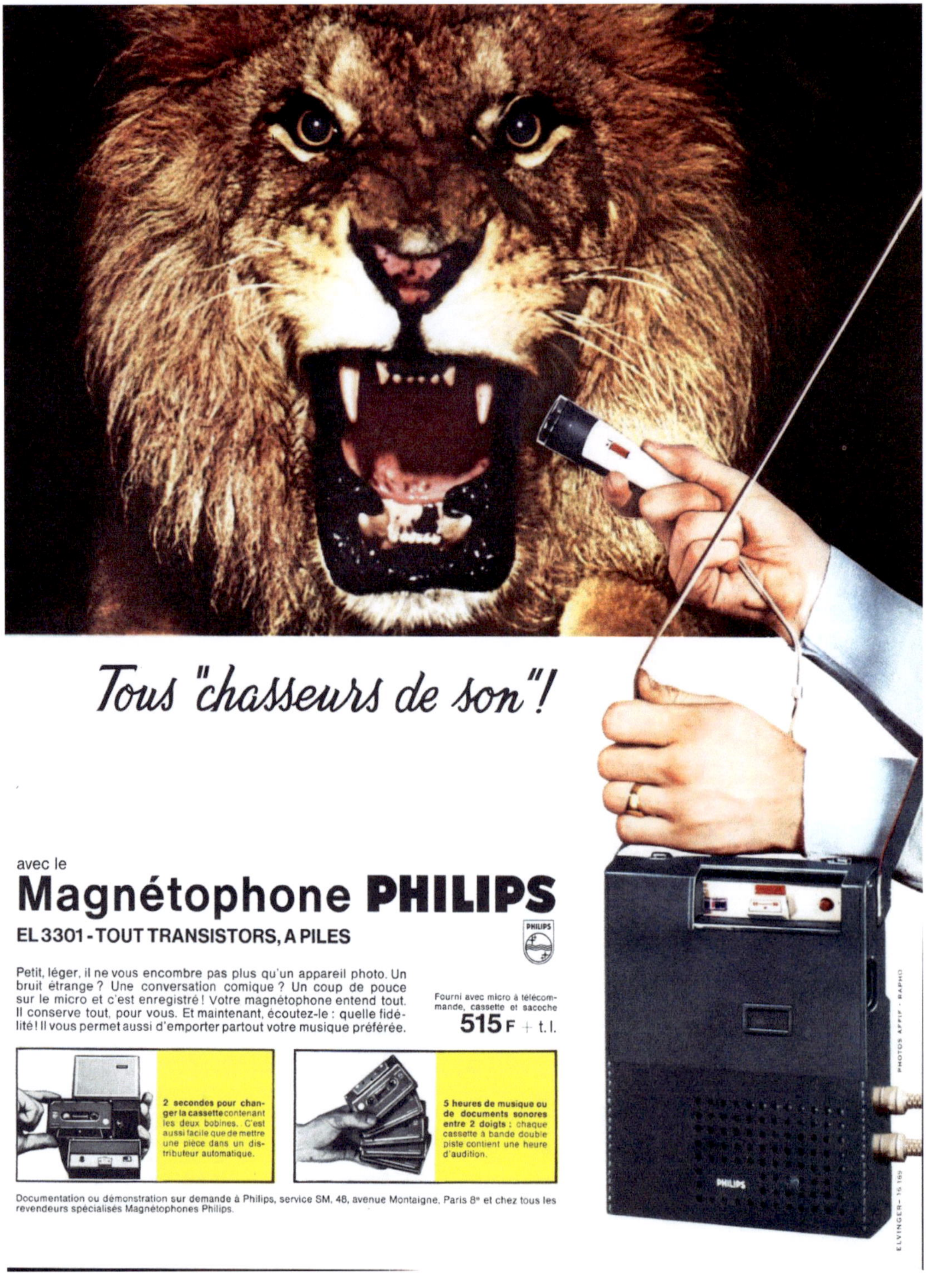

Tous "chasseurs de son"!

avec le

Magnétophone **PHILIPS**

EL 3301 - TOUT TRANSISTORS, A PILES

Petit, léger, il ne vous encombre pas plus qu'un appareil photo. Un bruit étrange ? Une conversation comique ? Un coup de pouce sur le micro et c'est enregistré ! Votre magnétophone entend tout. Il conserve tout, pour vous. Et maintenant, écoutez-le : quelle fidélité ! Il vous permet aussi d'emporter partout votre musique préférée.

Fourni avec micro à télécommande, cassette et sacoche

515 F + t. l.

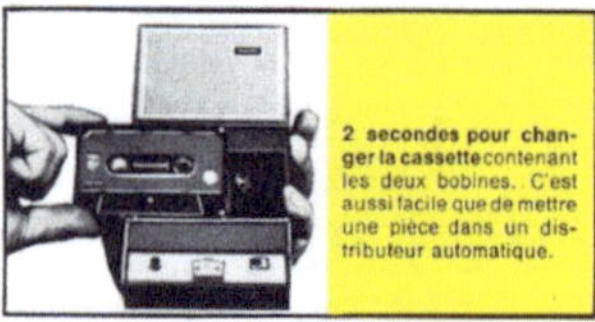

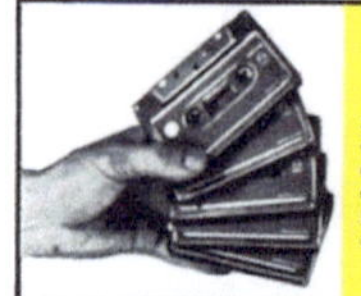

Documentation ou démonstration sur demande à Philips, service SM, 48, avenue Montaigne, Paris 8e et chez tous les revendeurs spécialisés Magnétophones Philips.

enregistrez aussi facilement que vous photographiez

Braquez le micro, un déclic. C'est tout.
Le Mini K 7 enregistre. Un rire, un chant, un murmure, un bavardage, tout.
Pour écouter, un deuxième déclic. Les sons jaillissent.
Une vérité stupéfiante, la vérité. Avec ses nuances, ses subtilités.
Enregistrez tous ces instants qui ne reviendront jamais.
Emportez partout votre Mini K 7 en bandoulière.
Il est léger, maniable. Il gardera le souvenir de tout.
Un souvenir qui ne jaunit pas.

Livré avec sacoche, micro et cassette,
il ne vous coûtera même pas 400ᶠ

Mini K7

Documentation sur demande : Philips. département Enregistrement,
service PM - 50, avenue Montaigne. Paris 8ᵉ - 2, 4, cité Paradis. Paris 10ᵉ.

PHILIPS

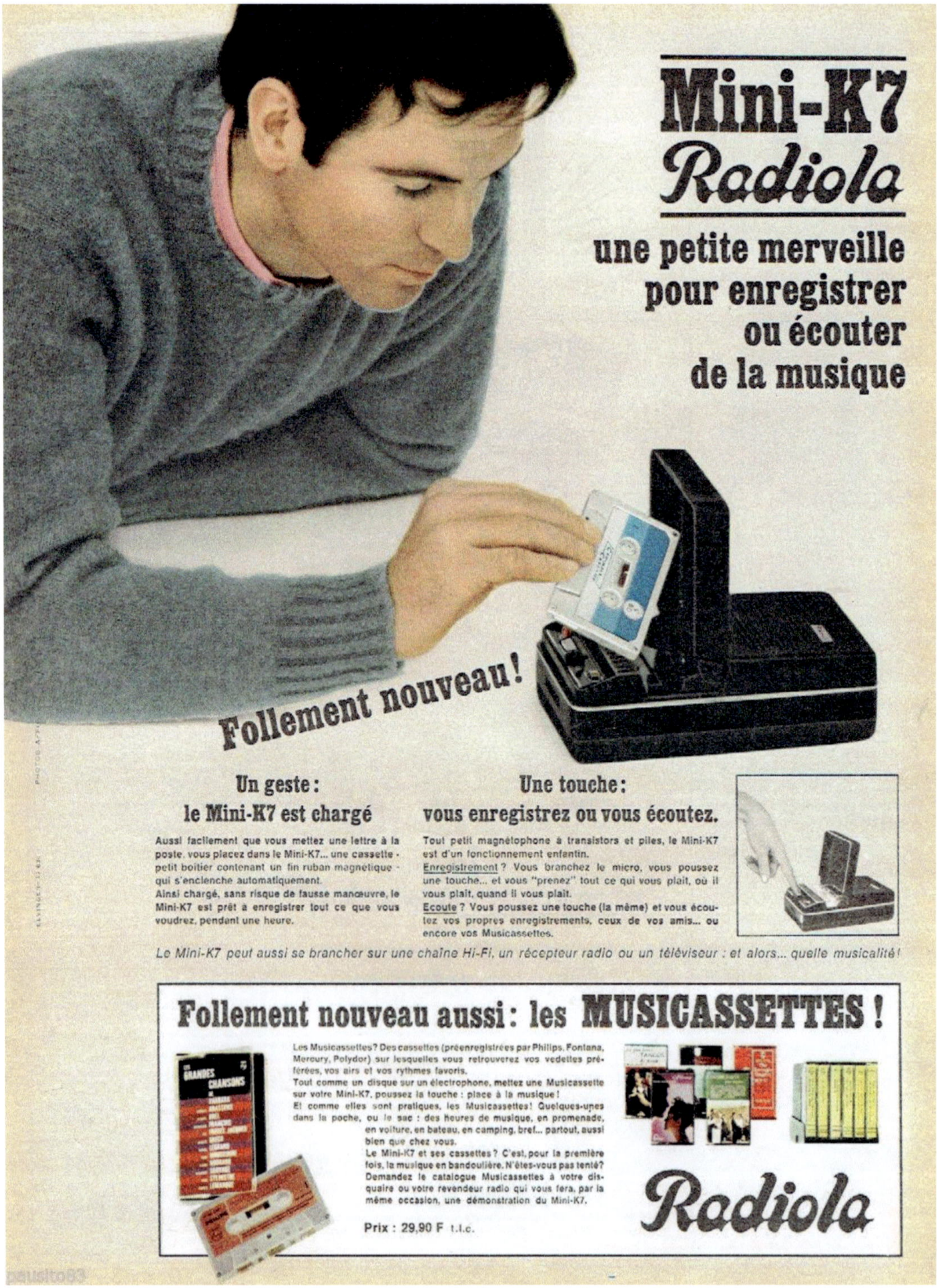
Mini-K7
Radiola
une petite merveille pour enregistrer ou écouter de la musique
Follement nouveau !
Un geste : le Mini-K7 est chargé
Aussi facilement que vous mettez une lettre à la poste, vous placez dans le Mini-K7... une cassette - petit boitier contenant un fin ruban magnétique - qui s'enclenche automatiquement.
Ainsi chargé, sans risque de fausse manœuvre, le Mini-K7 est prêt à enregistrer tout ce que vous voudrez, pendant une heure.
Une touche : vous enregistrez ou vous écoutez.
Tout petit magnétophone à transistors et piles, le Mini-K7 est d'un fonctionnement enfantin.
Enregistrement ? Vous branchez le micro, vous poussez une touche... et vous "prenez" tout ce qui vous plait, où il vous plait, quand il vous plait.
Ecoute ? Vous poussez une touche (la même) et vous écoutez vos propres enregistrements, ceux de vos amis... ou encore vos Musicassettes.
Le Mini-K7 peut aussi se brancher sur une chaîne Hi-Fi, un récepteur radio ou un téléviseur : et alors... quelle musicalité !
Follement nouveau aussi : les MUSICASSETTES !
Les Musicassettes? Des cassettes (préenregistrées par Philips, Fontana, Mercury, Polydor) sur lesquelles vous retrouverez vos vedettes préférées, vos airs et vos rythmes favoris.
Tout comme un disque sur un électrophone, mettez une Musicassette sur votre Mini-K7, poussez la touche : place à la musique !
Et comme elles sont pratiques, les Musicassettes ! Quelques-unes dans la poche, ou le sac : des heures de musique, en promenade, en voiture, en bateau, en camping, bref... partout, aussi bien que chez vous.
Le Mini-K7 et ses cassettes ? C'est, pour la première fois, la musique en bandoulière. N'êtes-vous pas tenté ? Demandez le catalogue Musicassettes à votre disquaire ou votre revendeur radio qui vous fera, par la même occasion, une démonstration du Mini-K7.
Prix : 29,90 F t.l.c.
Radiola
pausito83

cassettophone
musique en liberté !

Voici venu le temps de la musique qu'on s'offre comme une cigarette. Chez soi (sur secteur), dehors (sur piles). Le cassettophone joue n'importe où, dans toutes les positions. En long, en large, la tête en bas.

Radiola

Le cassettophone, ce n'est ni un électrophone, ni un magnétophone. C'est le premier appareil **spécial** pour jouer les musicassettes . Une façon radicalement neuve d'écouter la musique. D'une simplicité totale. Vous glissez une musicassette dans le cassettophone, la musique surgit, pure, claire, fidèle, sans le moindre bruit de fond.

Le cassettophone ? La dernière "boîte" à la mode avec un programme étourdissant : tous les "hits", tous les classiques.
CASSETTOPHONE RADIOLA **169**F

pausito83

Fangen Sie das Leben ein...

...mit dem Philips Cassetten-Recorder 3302

Wenn Sie einen Philips Cassetten-Recorder besitzen, geht Ihnen nichts verloren: Erstes Baby-Stammeln, Stegreif-Reden, die Stimmen der Natur, die Melodie der Großstadt, eine interessante Rundfunk-Sendung — Sie können sie festhalten. Mit ein paar Handgriffen, denn der Philips Cassetten-Recorder ist leicht zu bedienen. Überall benützen können Sie ihn auch — und handlich ist er obendrein.

Wenn Sie aber nicht nur am „Selbstaufgenommenen" Freude haben, dann kaufen Sie sich mal eine bespielte Cassette, eine MusiCassette. Wetten, daß Sie mit dem „Sound" Ihres Cassetten-Recorders genauso zufrieden sein werden wie mit seiner Aufnahmeleistung?

Philips Cassetten-Recorder 3302 mit Batteriebetrieb: Drinnen und draußen ein ideales Aufnahme- und Wiedergabegerät für alle, die sich aus der Leistung viel und aus dem Bedienungsaufwand wenig machen.

Durch elektronisch geregelten Motor immer betriebssicher! Sie erhalten ihn mit Fernbedienung, Mikrofon, Tragetasche, Compact-Cassette und Überspielkabel.

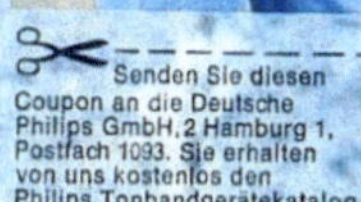

Senden Sie diesen Coupon an die Deutsche Philips GmbH, 2 Hamburg 1, Postfach 1093. Sie erhalten von uns kostenlos den Philips Tonbandgerätekatalog.

PHILIPS

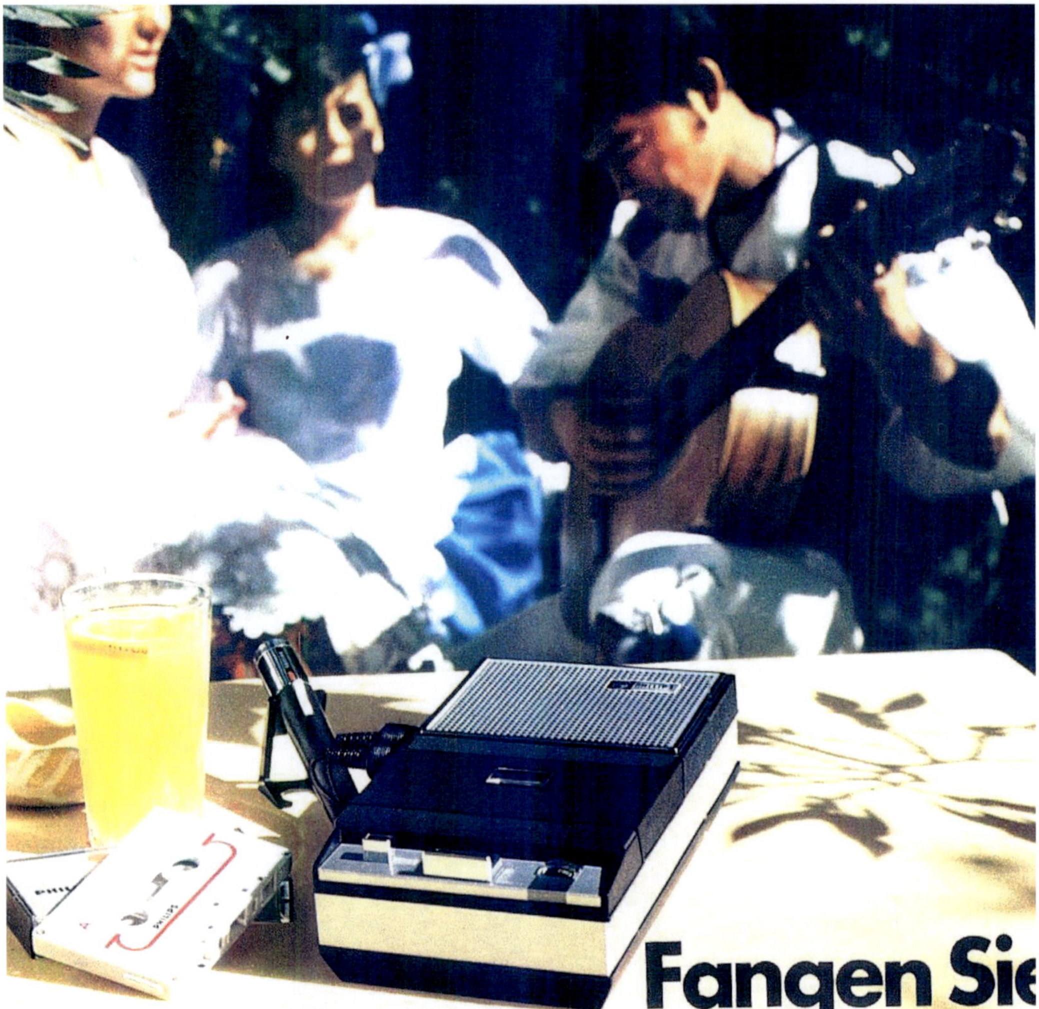

Fangen Sie
das Leben ein...
... mit dem Philips Cassetten-Recorder 3302

Wenn Sie einen Philips Cassetten-Recorder besitzen, geht Ihnen nichts
verloren: Erstes Baby-Stammeln, Stegreif-Reden, die Stimmen der Natur,
die Melodie der Großstadt, eine interessante Rundfunk-Sendung — alles
können Sie festhalten. Mit ein paar Handgriffen, denn der Philips Cassetten-
Recorder ist leicht zu bedienen. Überall benützen können Sie ihn auch —
und handlich ist er obendrein.
Wenn Sie aber nicht nur am „Selbstaufgenommenen" Freude haben,
dann kaufen Sie sich mal eine bespielte Cassette, eine MusiCassette.
Wetten, daß Sie mit dem „Sound" Ihres Cassetten-Recorders genauso
zufrieden sein werden wie mit seiner Aufnahmeleistung?
Philips Cassetten-Recorder 3302 mit Batteriebetrieb: Drinnen und draußen
ein ideales Aufnahme- und Wiedergabegerät für alle, die sich aus der
Leistung viel und aus dem Bedienungsaufwand wenig machen.
Durch elektronisch geregelten Motor immer betriebssicher! Sie erhalten ihn
mit Fernbedienung, Mikrofon, Tragetasche, Compact-Cassette und
Überspielkabel.

Deutsche Philips GmbH PTO 917/2283

Senden Sie diesen
Coupon an die Deutsche
Philips GmbH, 2 Hamburg 1,
Postfach 1093. Sie erhalten
von uns kostenlos den
Philips Tonbandgerätekatalog

PHILIPS

Pour écouter ou enregistrer de la musique :

la **Musicassette** et son **Mini-K7**

le gadget le plus étonnant de l'année

Près d'une heure de musique ou de chansons au format d'un paquet de cigarettes. C'est plus qu'un gadget : c'est une révolution ! Dans ce boîtier minuscule qui pèse moins de 40 g vous avez près d'une heure de musique enregistrée sur un ruban magnétique plus fin qu'un serpentin.

Vos vedettes préférées, vos airs et vos rythmes favoris existent maintenant sur des Musicassettes enregistrées par Philips, Fontana, Mercury, Polydor. Vous trouverez bientôt des milliers de titres !

Jamais d'usure, jamais de rayure : le ruban magnétique ne peut ni se casser, ni se rayer, ni se déformer. Après des années il donne une reproduction aussi fidèle, aussi puissante qu'au premier jour et aussi dépourvue de bruit de fond.

Quelques Musicassettes dans la poche ou le sac... et voilà des heures de musique que vous écouterez en promenade, en voiture, en bateau, en camping, aussi bien que chez vous !

Pour écouter partout vos Musicassettes : le Mini-K7 Philips

Le Mini-K7 est un tout petit magnétophone à transistors et piles d'un fonctionnement enfantin. Tout comme vous mettez un disque sur un électrophone, placez une Musicassette sur votre Mini-K7, poussez une touche : place à la musique ! Emportez votre Mini-K7 à l'épaule dans une sacoche... c'est la musique en bandoulière !

Faites aussi vous-mêmes vos Musicassettes : Le Mini-K7 est un vrai magnétophone qui vous permet aussi d'enregistrer sur des cassettes vierges tout ce qui vous plaira, où il vous plaira. Posez la cassette, poussez la touche... vous enregistrez ! Vous compléterez ainsi à l'infini votre collection de Musicassettes !

Demandez une démonstration chez tous les Distributeurs Officiels PHILIPS et revendeurs spécialisés Magnétophone

Mini K7... Cassette... Musicassette...
le moyen le plus jeune et le plus simple
d'enregistrer et d'écouter de la musique.

"MINI K7" c'est le plus séduisant des magnétophones que vous puissiez imaginer : grâce aux
progrès de l'électronique, il est tout petit mais
très musical.
"CASSETTE" c'est le minuscule chargeur qui
contient la bande magnétique. Finies les délica-
tes manipulations de ruban ! Pour enregistrer,
pour écouter, enclenchez la "cassette" dans le
"Mini K7", enfoncez une touche, c'est tout !
Et la "MUSICASSETTE" ? C'est autant de musique enregistrée qu'un grand 33 tours sous le
volume d'un étui à cigarettes. C'est ce qui rend
votre "MINI K7" doublement intéressant.
Partez "MINI K7" en bandoulière, vous enregistrerez et écouterez de la musique quand et
partout où il vous plaira !

Radiola

Documentation n° 1 sur demande à Radiola, 47, rue Monceau - Paris 8e
Démonstration et vente chez tous les revendeurs Radiola.

MAXI K7 - Appareil
fonctionnant sur piles
et secteur, grand
haut-parleur, prise
pour haut-parleur
supplémentaire,
contrôle de tonalité.

MONO K7 - Appareil
secteur avec
contrôle de tonalité
et réglage automa-
tique du niveau
d'enregistrement.

Compact Cassette

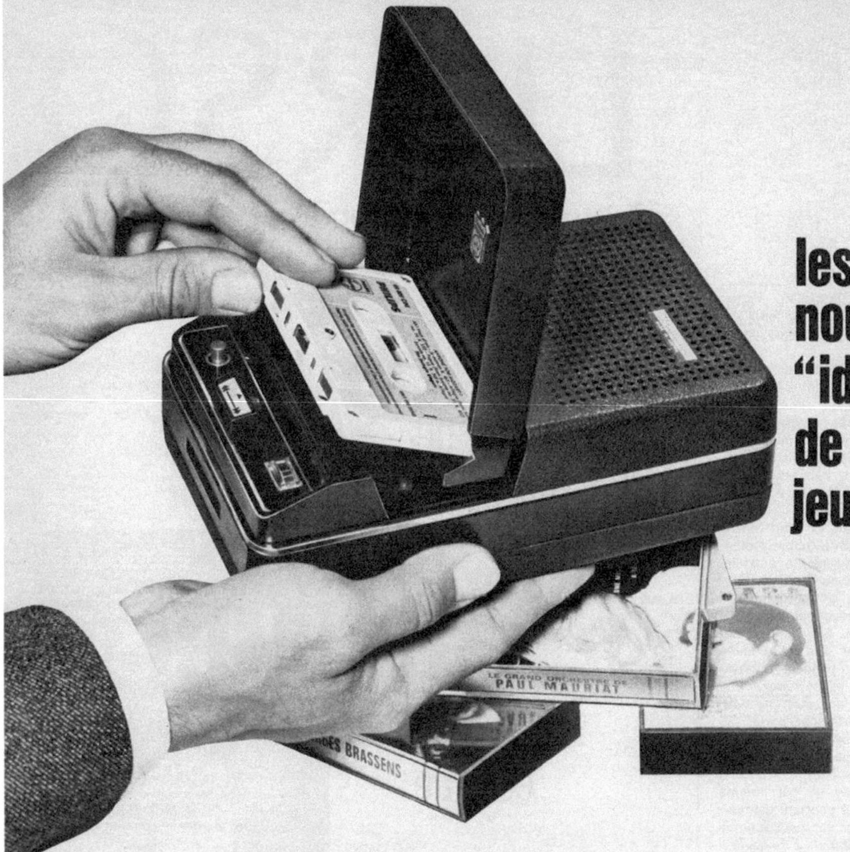

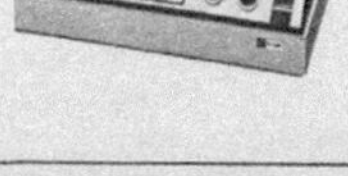

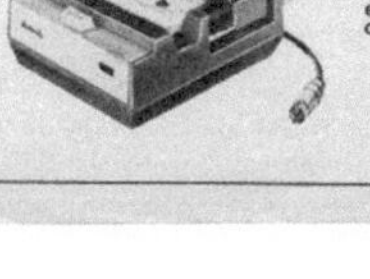

Pour écouter ou enregistrer de la musique:

le Mini K7 et la Musicassette

le succès le plus foudroyant de l'année

Succès sans précédent pour le Mini K 7 ! sa taille miniature, sa simplicité, sa musicalité ont fait du Mini K7 la vedette de la série Philips K7, gamme de magnétophones spéciaux pour jouer les Musicassettes. Performances remarquables ! mais dimensions réduites grâce aux récents perfectionnements de la miniaturisation électronique.
Glissez une Musicassette dans un Mini K7, poussez une touche... et place à la musique !
Voulez-vous enregistrer ? Glissez une cassette vierge, poussez la touche... ça y est !
Partez Mini K 7 en bandoulière... vous jouerez vos musicassettes, vous enregistrerez, quand il vous plaira où il vous plaira !
Succès aussi pour la Musicassette...
Succès logique ! ce minuscule boîtier contient, enregistrée sur ruban magnétique, autant de musique qu'un 33 tours de 30 cm !

Succès mérité ! le ruban magnétique inrayable, incassable, indéformable, donne après des mois, la même reproduction fidèle !
Succès confirmé ! vos vedettes enregistrent sur Musicassettes pour Philips, Fontana, Mercury et la plupart des grandes marques.

Documentation et démonstration sur demande à Philips, 48 avenue Montaigne, Paris 8e et chez tous les revendeurs spécialisés Magnétophones Philips.

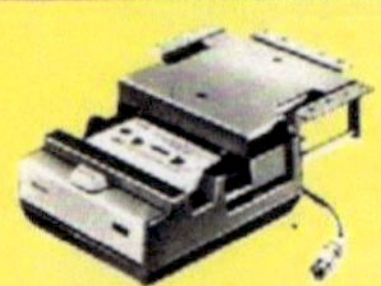

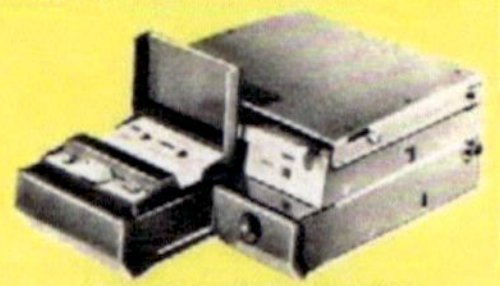

MONO K 7 - EL 3310 appareil secteur avec grand haut-parleur et réglage automatique du niveau d'enregistrement.

MAGI K 7 - EL 3303 appareil fonctionnant sur piles, grand haut-parleur prise pour haut-parleur supplémentaire et contrôle de tonalité.

AUTO K 7 - EL 3305 se branche sur l'autoradio pour l'écoute en voiture des Musicassettes.

UNI K 7 - EL 3794 berceau spécial pour l'utilisation complète en voiture du Mini K 7. Se raccorde à l'autoradio.

29,90 t.l.c.

Pour écouter ou enregistrer de la musique :
la Musicassette et son Mini-K7

le gadget le plus étonnant de l'année

Près d'une heure de musique ou de chansons au format d'un paquet de cigarettes. C'est plus qu'un gadget : c'est une révolution ! Dans ce boîtier minuscule qui pèse moins de 40 g vous avez près d'une heure de musique enregistrée sur un ruban magnétique plus fin qu'un serpentin.

Vos vedettes préférées, vos airs et vos rythmes favoris existent maintenant sur des Musicassettes enregistrées par Philips, Fontana, Mercury, Polydor. Vous trouverez bientôt des milliers de titres !

Jamais d'usure, jamais de rayure : le ruban magnétique ne peut ni se casser, ni se rayer, ni se déformer. Après des années il donne une reproduction aussi fidèle, aussi puissante qu'au premier jour et aussi dépourvue de bruit de fond.

Quelques Musicassettes dans la poche ou le sac... et voilà des heures de musique que vous écouterez en promenade, en voiture, en bateau, en camping, aussi bien que chez vous !

Pour écouter partout vos Musicassettes : le Mini-K7 Radiola

Le Mini-K7 est un tout petit magnétophone à transistors et piles d'un fonctionnement enfantin. Tout comme vous mettez un disque sur un électrophone, placez une Musicassette sur votre Mini-K7, poussez une touche : place à la musique !
Suspendez votre Mini-K7 à l'épaule... c'est la musique en bandoulière !

Faites aussi vous-mêmes vos Musicassettes : Le Mini-K7 est un vrai magnétophone qui vous permet aussi d'enregistrer sur des cassettes vierges tout ce qui vous plaira, où il vous plaira. Posez la cassette, poussez la touche... vous enregistrez ! Vous compléterez ainsi à l'infini votre collection de Musicassettes !

47, RUE DE MONCEAU   PARIS 8e   TEL. 387.64.01

ELVINGER 12.754 PHOTO AFFIF

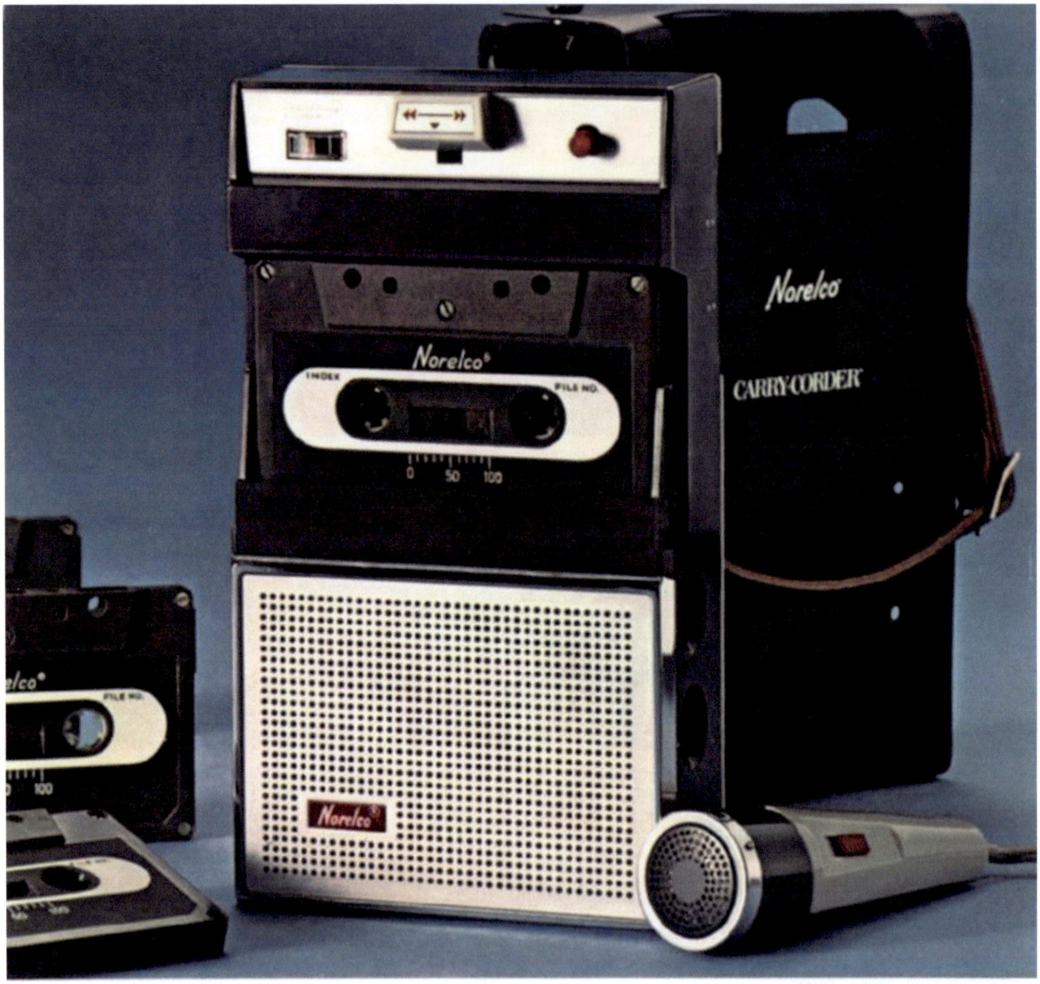

Carry-Corder '150' shows 80% of actual size

Norelco® Cordless Tape Recorders

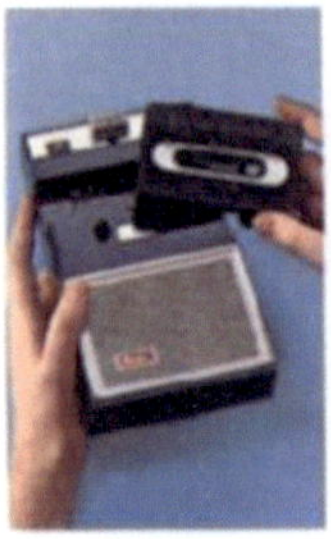

Norelco Carry-Corder® '150'

Tiny tape cartridge loads in seconds, records for an hour

Revolutionary tape recorder, features reusable snap-in cartridges, one button control to start, stop, wind-/rewind tape. Separate volume controls for record and playback. Weighs only 3 lbs. with 5 flashlight batteries. 1 7/8 ips constant speed capstan drive. Has dynamic microphone with detachable remote switch. Superior sound quality with frequency response of 100 to 7000 cps. Connections for recording and playback directly with radio, phono, TV or another tape recorder. 7 3/4" x 4 1/2" x 2 1/4". **Prepacked in Deluxe Case** with 4 cartridges (each in a dust proof container with index card), microphone, fitted carrying case, mike pouch, patchcord and tape mailer. CIRCLE 51 ON READER SERVICE CARD

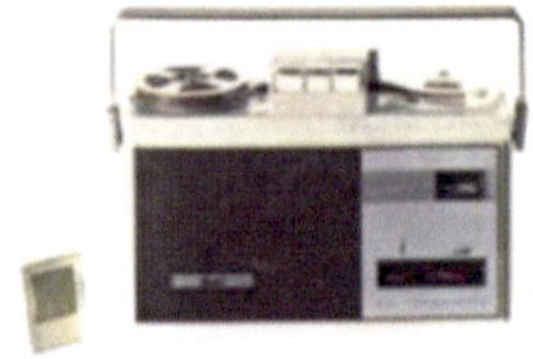

Norelco Continental '101'

100% transistorized for on the spot record/playback . . . up to 2 hours on a single reel. 2 track 1 7/8 ips constant speed machine weighs 8 lbs. with 6 flashlight batteries. Features dynamic microphone, tone control, record/level/battery condition indicator. Includes direct recording patch-cord. Frequency response 80 to 8000 cps. 11" x 3 3/4" x 8".

CIRCLE 52 ON READER SERVICE CARD

Follement nouveau !

29,90 t.l.c.

Pour écouter ou enregistrer de la musique :

la **Musicassette** et son **Mini-K7**

le gadget le plus étonnant de l'année

Près d'une heure de musique ou de chansons au format d'un paquet de cigarettes. C'est plus qu'un gadget : c'est une révolution ! Dans ce boîtier minuscule qui pèse moins de 40 g vous avez près d'une heure de musique enregistrée sur un ruban magnétique plus fin qu'un serpentin.

Vos vedettes préférées, vos airs et vos rythmes favoris existent maintenant sur des Musicassettes enregistrées par Philips, Fontana, Mercury, Polydor. Vous trouverez bientôt des milliers de titres !

Jamais d'usure, jamais de rayure: le ruban magnétique ne peut ni se casser, ni se rayer, ni se déformer. Après des années il donne une reproduction aussi fidèle, aussi puissante qu'au premier jour et aussi dépourvue de bruit de fond.

Quelques Musicassettes dans la poche ou le sac... et voilà des heures de musique que vous écouterez en promenade, en voiture, en bateau, en camping, aussi bien que chez vous !

Pour écouter partout vos Musicassettes : le Mini-K7 Philips

Le Mini-K7 est un tout petit magnétophone à transistors et piles d'un fonctionnement enfantin. Tout comme vous mettez un disque sur un électrophone, placez une Musicassette sur votre Mini-K7, poussez une touche : place à la musique ! Emportez votre Mini-K7 à l'épaule dans une sacoche... c'est la musique en bandoulière !

Faites aussi vous-mêmes vos Musicassettes : Le Mini-K7 est un vrai magnétophone qui vous permet aussi d'enregistrer sur des cassettes vierges tout ce qui vous plaira, où il vous plaira. Posez la cassette, poussez la touche... vous enregistrez ! Vous compléterez ainsi à l'infini votre collection de Musicassettes !

Demandez une démonstration chez tous les Distributeurs Officiels. PHILIPS et revendeurs spécialistes Magnétophone.

PHILIPS

c'est plus sûr !

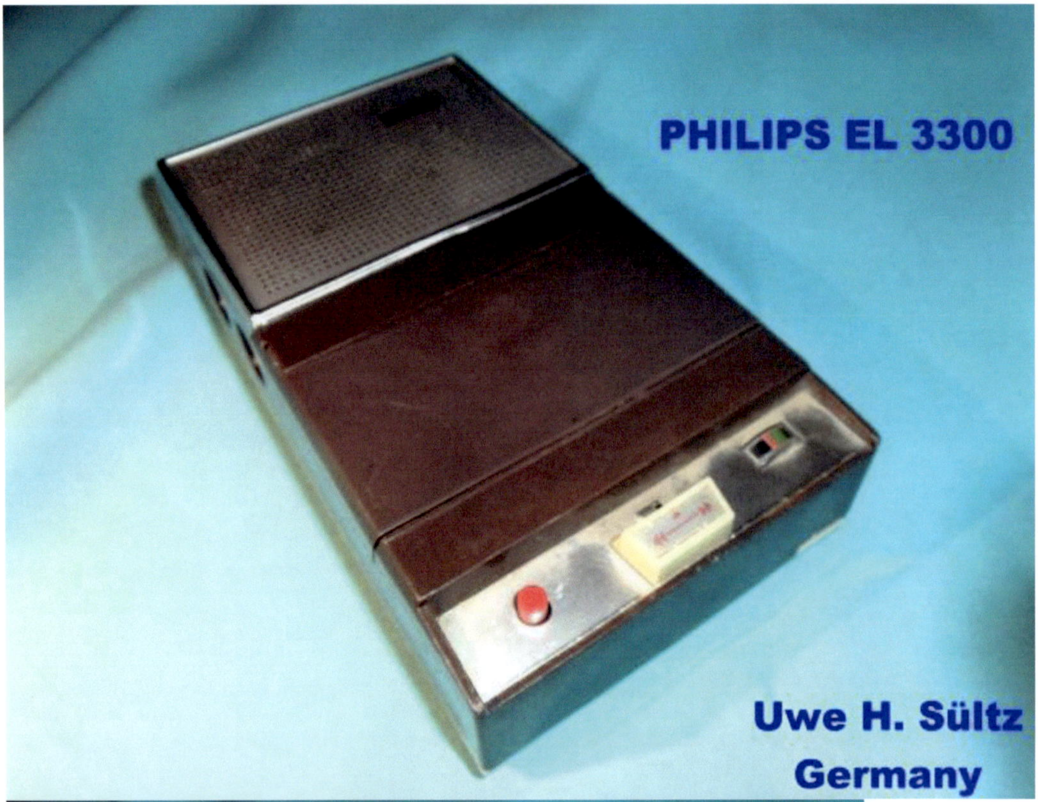

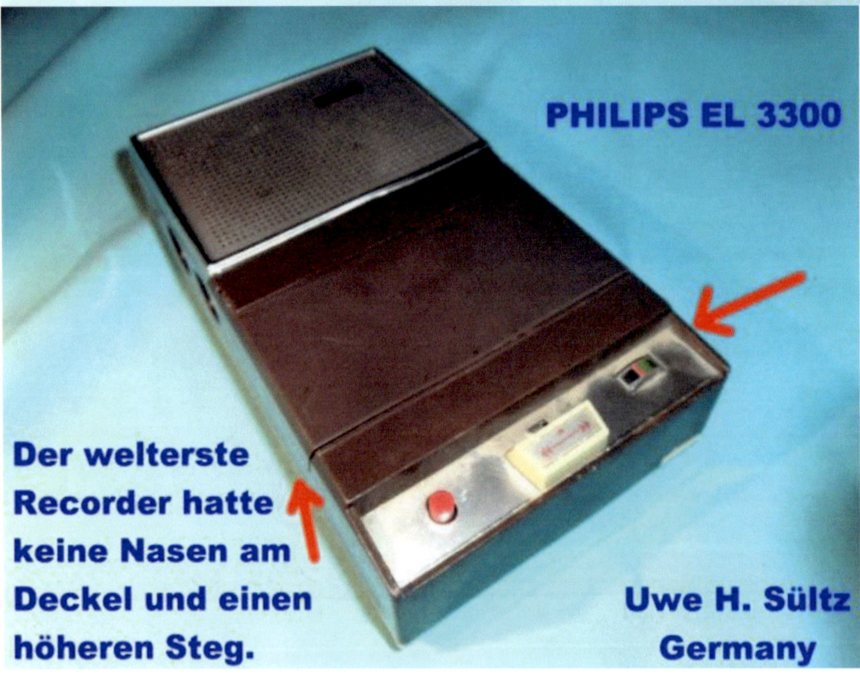

PHILIPS EL 3300
Uwe H. Sültz
Germany
PHILIPS EL 3300
Der welterste
Recorder hatte
keine Nasen am
Deckel und einen
höheren Steg.
Uwe H. Sültz
Germany

PHILIPS EL 3300
Uwe H. Sültz
Germany

PHILIPS EL 3300
Ohne Spiegel
und ohne
Löschsicherung
Uwe H. Sültz
Germany

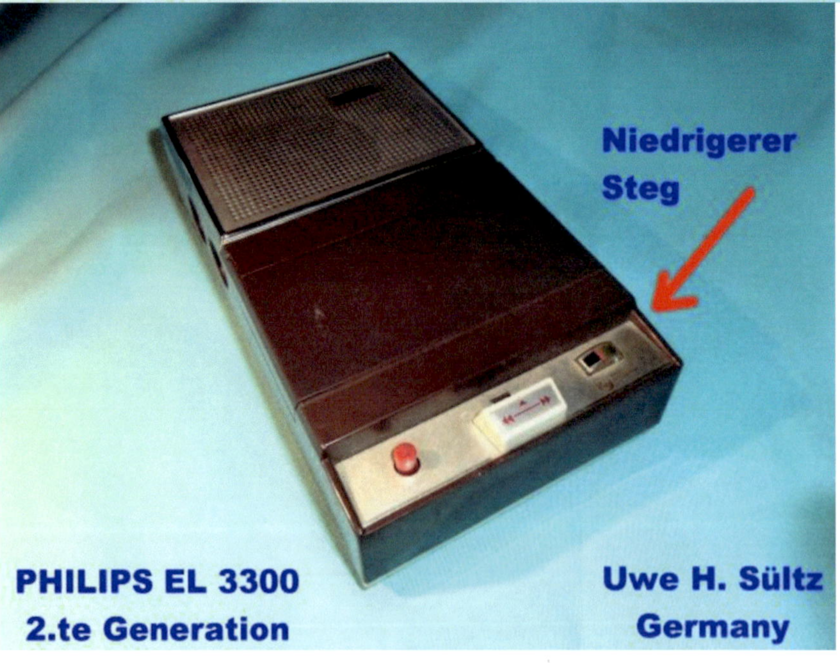

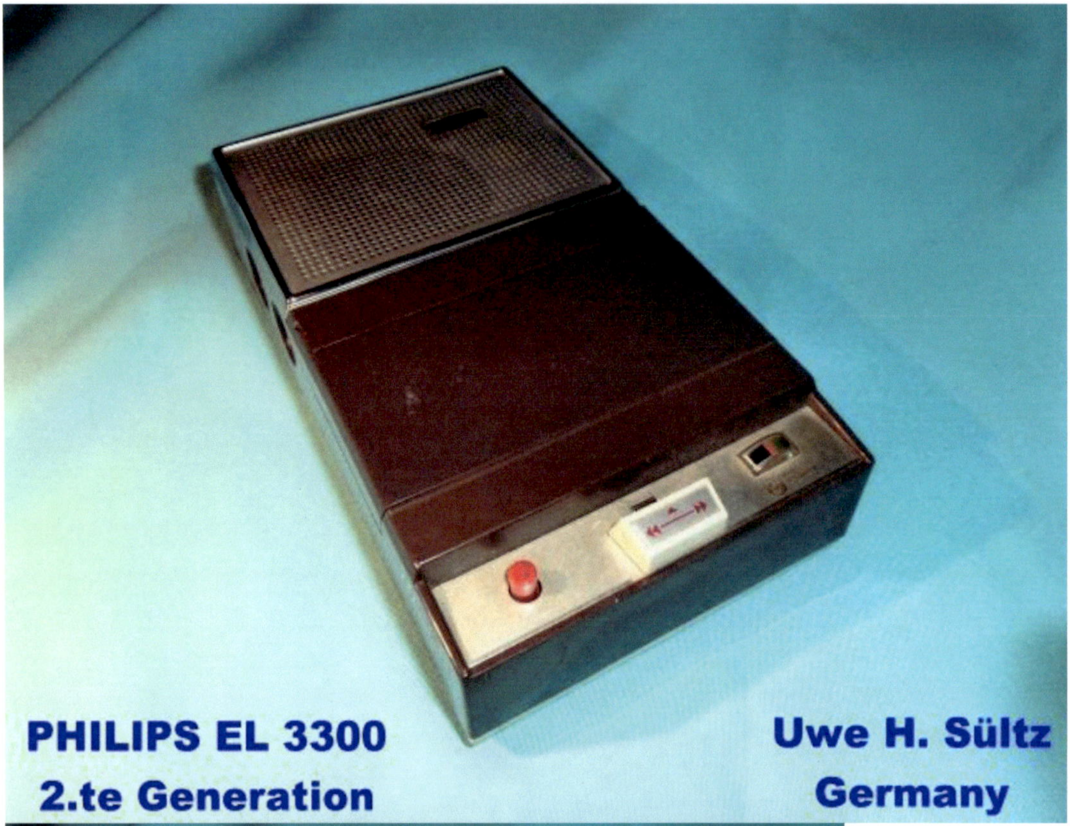
PHILIPS EL 3300
2.te Generation
Uwe H. Sültz
Germany

Niedrigerer
Steg
PHILIPS EL 3300
2.te Generation
Uwe H. Sültz
Germany

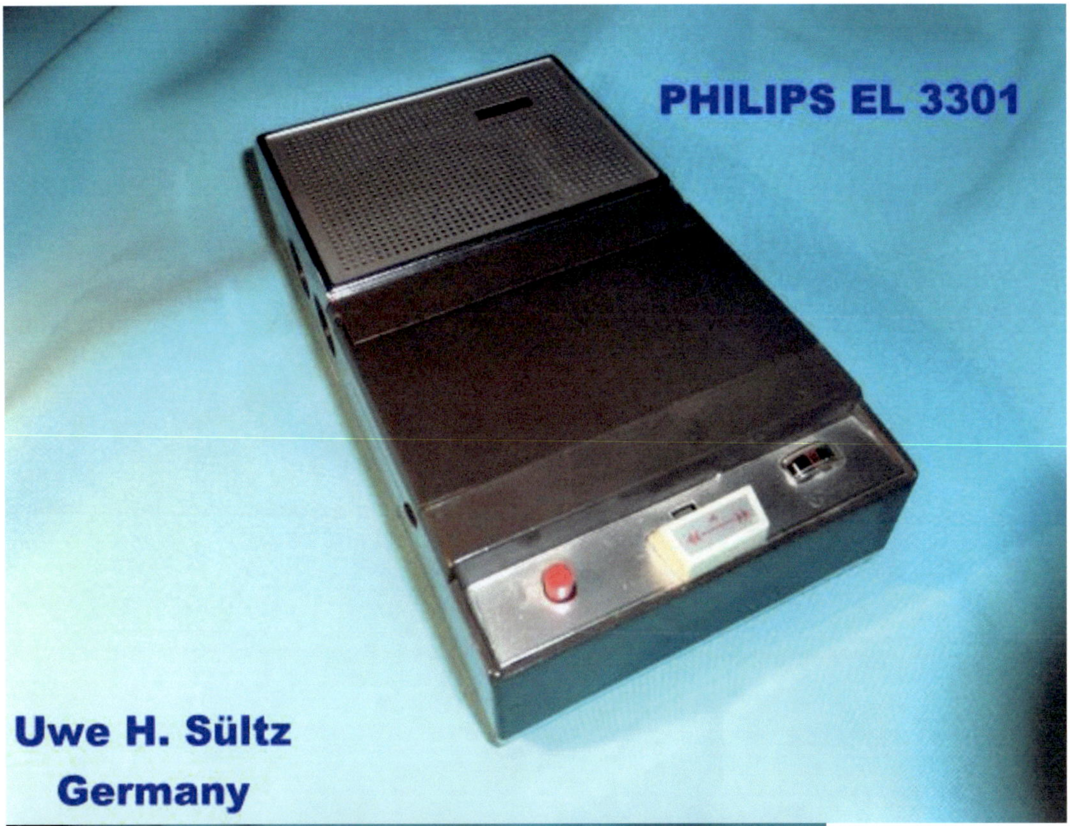

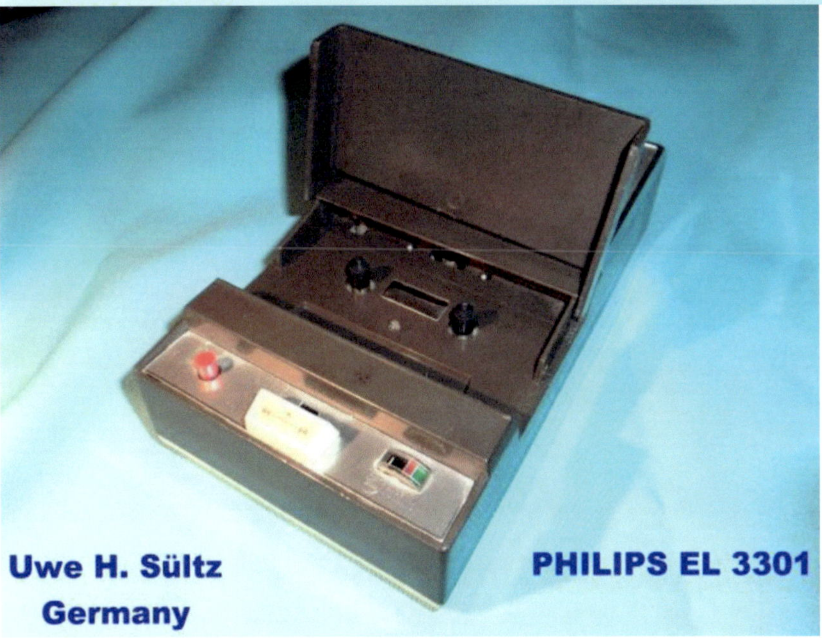
PHILIPS EL 3301
Uwe H. Sültz
Germany
Uwe H. Sültz
Germany
PHILIPS EL 3301

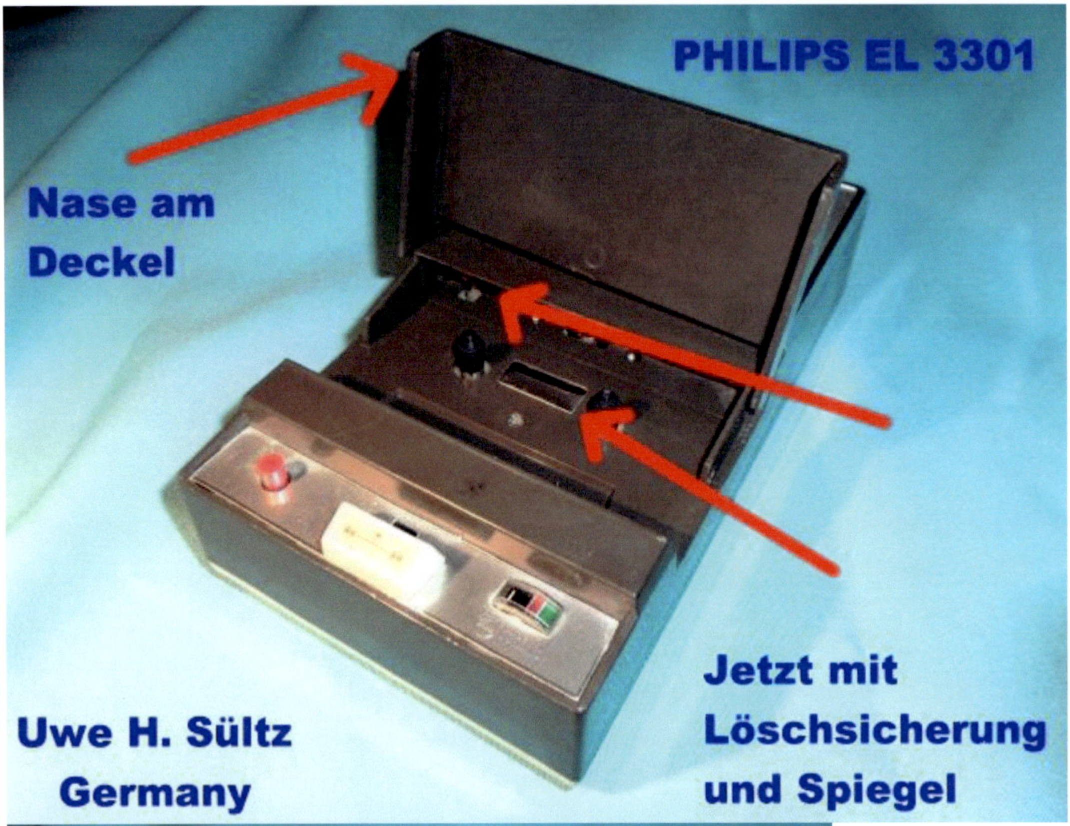

PHILIPS EL 3301
Nase am
Deckel
Uwe H. Sültz
Germany
Jetzt mit
Löschsicherung
und Spiegel
Uwe H. Sültz
Germany
PHILIPS EL 3301

PHILIPS EL 3302

Uwe H. Sültz
Germany

PHILIPS EL 3302

Uwe H. Sültz
Germany

Uwe H. Sültz
Germany

Uwe H. Sültz
Germany

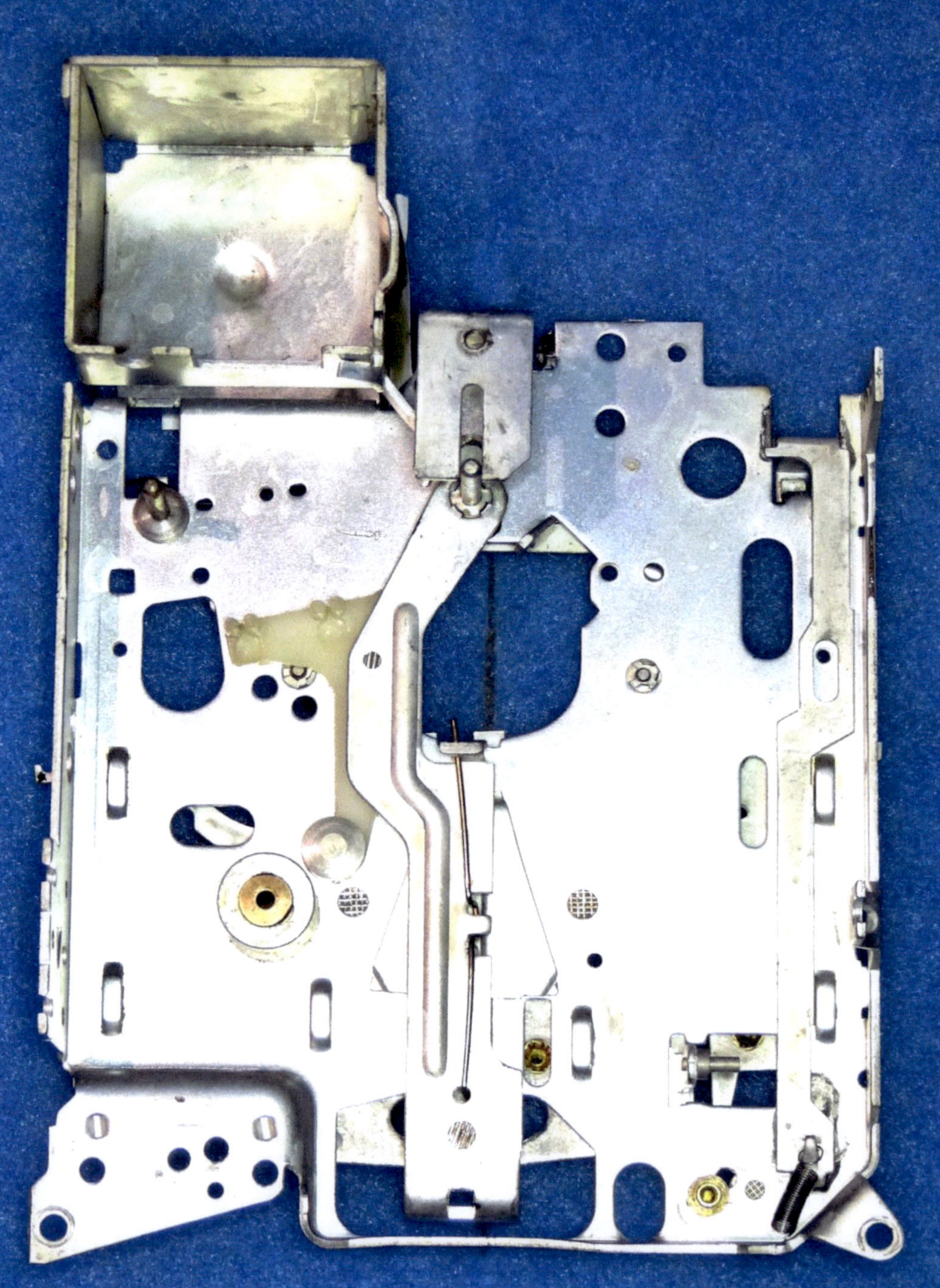

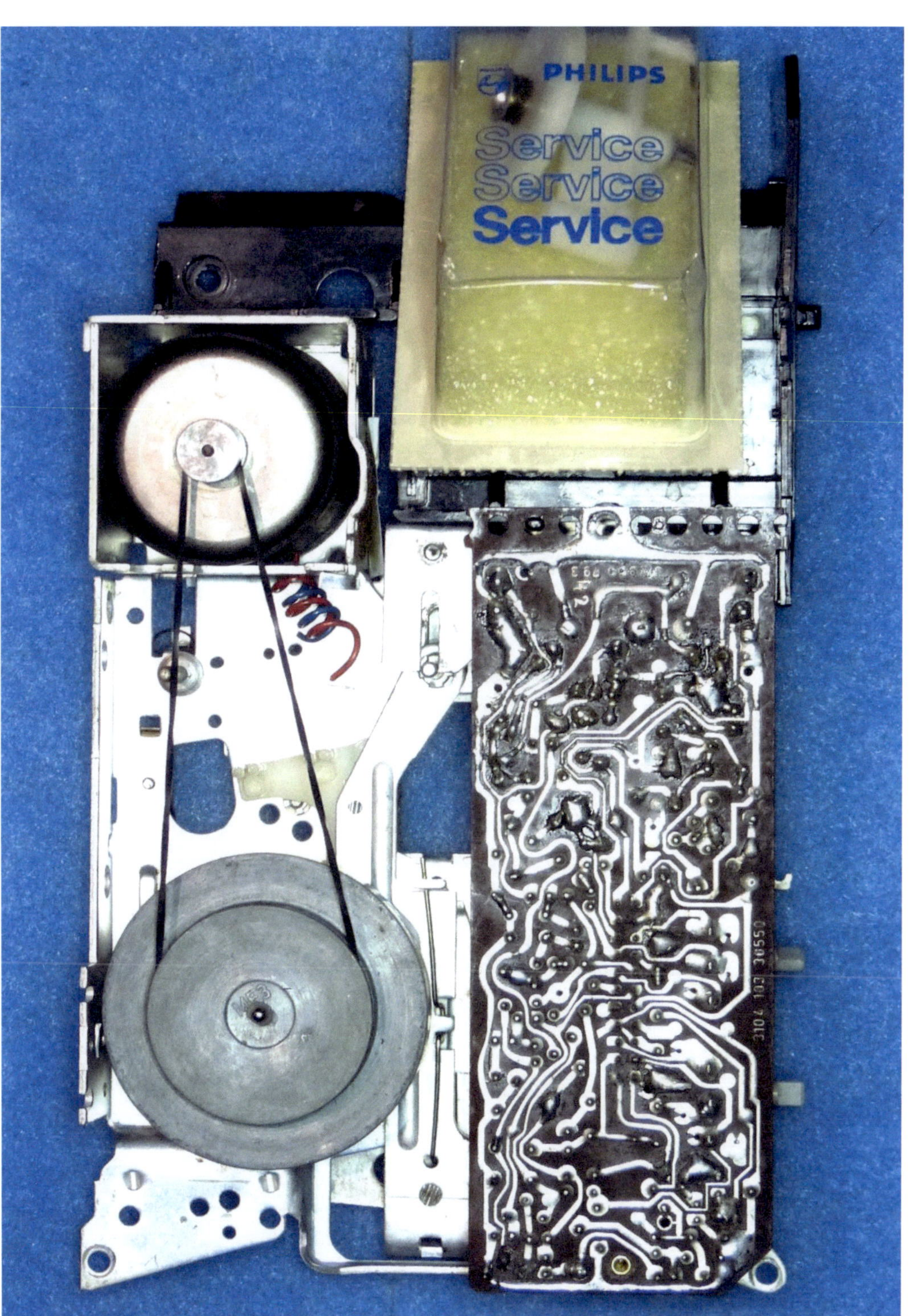
PHILIPS
Service
Service
Service
PHILIPS

PHILIPS

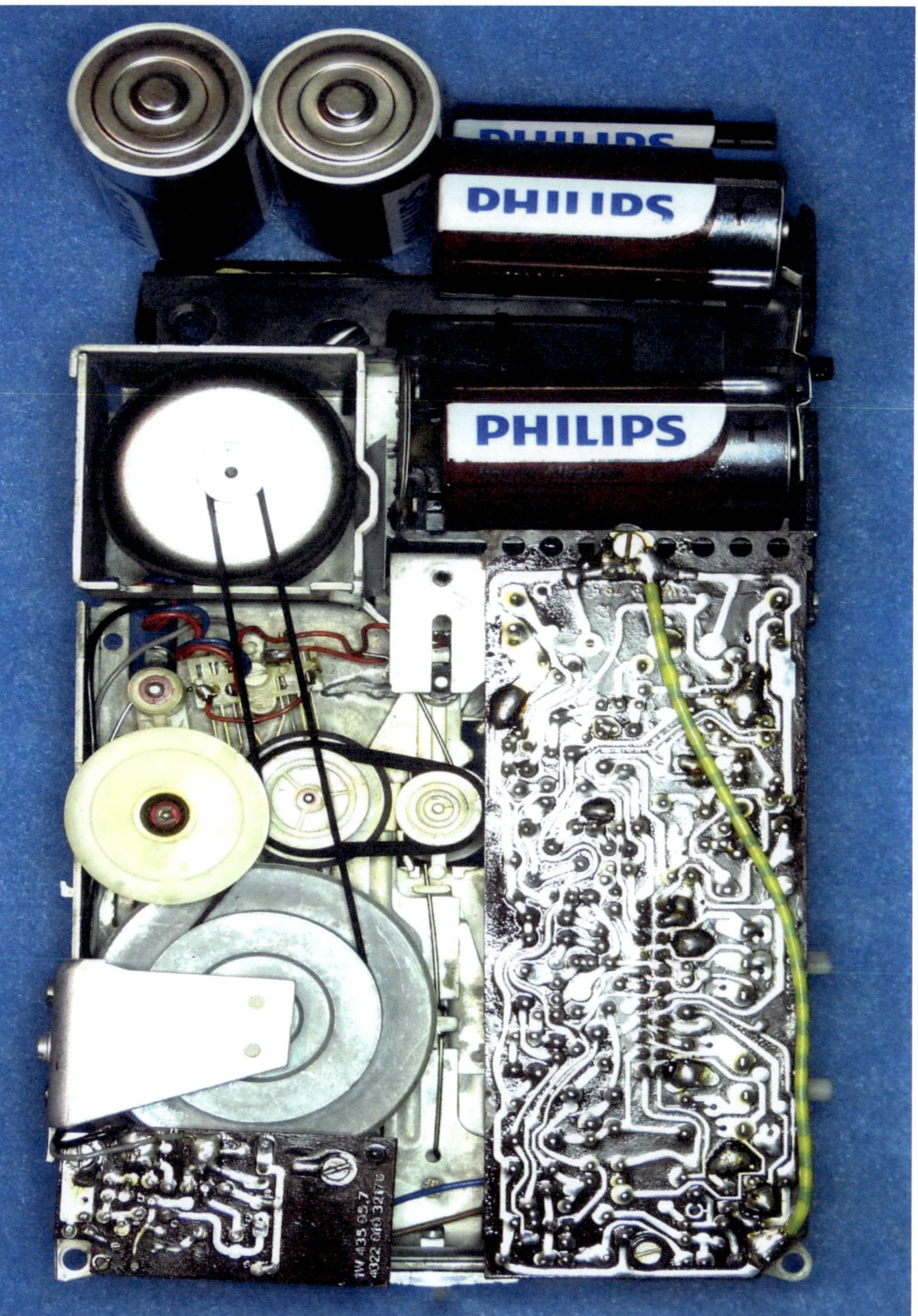

PHILIPS
PHILIPS
PHILIPS

PHILIPS
NEU in 1963
Taschenrecorder
EL 3300
&
Compact Cassette
EL 1903 
Uwe H. Sültz
Germany 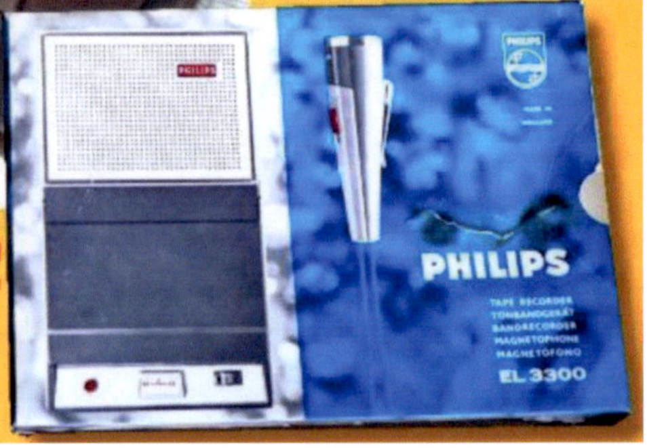
PHILIPS
TAPE RECORDER
TONBANDGERÄT
BANDRECORDER
MAGNETOPHONE
MAGNETOFONO
EL 3300